富贵"险"中求

家庭财富风险管理
之健康篇

主 编◎宋晓恒　副主编◎彭　博　柳先涛

编 委◎刘　伟　李　爽　刘毅彬　杨洁涵　刘思彤　边　玥

经济管理出版社
ECONOMY & MANAGEMENT PUBLISHING HOUSE

图书在版编目（CIP）数据

富贵"险"中求：家庭财富风险管理之健康篇 / 宋晓恒主编 . — 北京：经济管理出版社，2020.9

ISBN 978-7-5096-7600-4

Ⅰ . ①富…　Ⅱ . ①宋…　Ⅲ . ①家庭财产—财务管理　Ⅳ . ① TS976.15

中国版本图书馆 CIP 数据核字（2020）第 183118 号

组稿编辑：丁慧敏
责任编辑：丁慧敏　张广花
责任印制：黄章平
责任校对：王淑卿

出版发行：经济管理出版社
　　　　　（北京市海淀区北蜂窝 8 号中雅大厦 A 座 11 层　100038）
网　　址：www.E-mp.com.cn
电　　话：（010）51915602
印　　刷：唐山昊达印刷有限公司
经　　销：新华书店
开　　本：710mm×1000mm/16
印　　张：8.25
字　　数：105 千字
版　　次：2020 年 9 月第 1 版　2020 年 9 月第 1 次印刷
书　　号：ISBN 978-7-5096-7600-4
定　　价：48.00 元

序言

要想做好家庭的"财富风险管理",就要先知道财富的风险来自哪里?

财富守恒定律告诉我们,财富是由收入、支出、资产和负债四个要素构成,那么财富的风险就来自于收入的风险、支出的风险、资产的风险和负债的风险,如图1所示。而这些风险并不是孤立存在的,而是相互联结、动态变化的。也就是说一个项目的变化,往往会牵动其他项目同时发生变化,产生连锁效应,一起影响或者决定财富的最终结果。这个过程可以用财富守恒定律非常直观、形象地进行分析和演绎,这也是本丛书的一大特色。具体如何分析演绎,并用精简的逻辑呈现,后面各篇章会有具体详述。

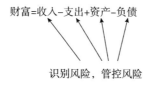

财富=收入–支出+资产–负债

识别风险,管控风险

图1　财富的四个构成要素

聚焦家庭财富三大风险的管理

根据财富守恒定律,收入和支出构成了家庭的"流量财富",资产和负债构成了家庭的"存量财富"。为便于分析,我们分"流量财富(收入和支出)"和"存量财富(资产和负债)"两大板块来讨论家庭财富风险与管理策略。

流量财富——收入和支出的风险。主要有两种：一是收入损失的风险，二是收支失衡的风险。具体到家庭财富管理实践，需要重点关注健康和养老两大风险的管理。这将是《富贵"险"中求》系列丛书上篇《家庭财富风险管理之健康篇》和中篇《家庭财富管理之养老篇》的主要内容。

存量财富（资产—负债）的风险分两大方面：一是资产安全的风险（如何守富），二是资产传承（如何传富）的风险，具体到家庭财富管理实践，我们会将它们结合起来讨论，涵盖投资风险、税务风险、婚姻风险、债务风险、传承风险等方面，统称为家庭资产保全与传承。针对这个范畴风险的认知和管理策略，将是《富贵"险"中求》系列丛书下篇《家庭财富风险管理之资产保全与传承》的主要内容。

本丛书内容的逻辑架构

为了便于读者阅读和学习，《富贵"险"中求之家庭财富风险管理》系列丛书的内容分配架构如图 2 所示。

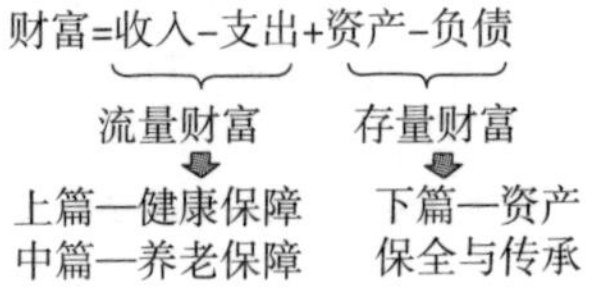

财富=收入–支出+资产–负债

流量财富　　　　存量财富

上篇—健康保障　　下篇—资产
中篇—养老保障　　保全与传承

图 2　丛书内容分配架构

本丛书分为上、中、下三篇，理论基础皆为第一部分富贵"险"中求，本书为《富贵"险"中求》系列丛书上篇。

目录

第二部分 家庭健康风险与管理策略

第一部分

富贵"险"中求

第一章

幸福人生与财富风险管理

第一节　富人增多，忧虑不少

1978 年改革开放至今已经有 40 多年，我国经济发展迅速，带动民间财富大幅增长、富有群体不断壮大，随之，家庭财富管理上升到新的高度——如何全方位管理并保护好家庭财富，尤其是做好资产的保护与传承，成为时代的主题。

中产群体迅速壮大，担心"不进则退"

2018 年 11 月 23 日，胡润研究院携手投资和资产管理公司金原投资集团联合发布《2018 中国新中产圈层白皮书》(*China New Middle Class Report* 2018)。报告显示，截至 2018 年 8 月，中国大陆中产家庭数量已达 3320 万户，其中新中产家庭数量达 1000 万户以上。这些新中产家庭在常住地至少拥有 1 套房产，有私家车；新中产家庭净资产达 300 万元以上；接受过高等教育；企业白领、金领或是专业性自由职业者；"80 后"是新中产的主力军，其次是"70 后"和"90 后"。

源于对中产身份的焦虑，他们担心从中产阶层跌落，因此渴望通过不断积累财富稳固既有的生活阶层或进入更高的阶层。他们平均拥有 108 万元的可投资金融资产，"如何理财"是他们生活的关注重点。新中产人群投资理财主要以"资产稳健增长"为目的（74%），其次是"资产保值"（23%）。

富裕家庭资产庞大，忧虑"守富传富"

2019 年 10 月 10 日《2019 年胡润百富榜》发布，这是胡润研究院自 1999 年以来连续第 21 次发布"胡润百富榜"。大中华区拥有 600 万元资产的"富裕家庭"数量十年增长 9 倍，他们所持有的财富总量高达 128 万亿元，是国内生产总值（GDP）的 1.3 倍。其中，亿元人民币资产"超高净值家庭"总财富为 77 万亿元，占比达 60%，3000 万美元资产"国际超高净值家庭"总财富为 72 万亿元，占比 56%。伴随着创富一代逐渐步入退休年龄，中国未来 10 年将有 17 万亿元财富传给下一代，未来 20 年将有 39 万亿元财富传给下一代，未来 30 年将有 60 万亿元财富传给下一代。

创业难，守业更难。财富一旦被创造，就面临着各种各样的风险和挑战。放眼长远，财富能否持续保持、传承能否如人所愿，成为中国高净值家庭关注的焦点。值得注意的是，高净值家庭主要由企业家构成，受累于经济减速和产业结构调整，截至 2018 年 12 月 31 日，大中华区千万元资产"高净值家庭"比上年减少 1.5% 至 198 万户，5 年来首次减少；亿元资产"超高净值家庭"比上年减少 4.5% 至 12.7 万户。

来自经济环境的挑战只不过是诸多风险中的一种，除此之外，还会有来自家族成员健康、家族内部关系、企业经营、政策环境、法律合规等一系列风险，任何一种风险的发生都足以让财富丧失殆尽，使幸福蒙上阴影。

简单地说，有钱和幸福，只要有风险存在，二者不能直接画等号。

第二节 幸福人生——独立、自由、无憾

风险是幸福的天敌，风险的存在使人生充满变数，起伏不定。

当人在功成名就、志得意满时往往会觉得大多数风险都不适用于他们，也有些人认为当风险发生的时候，能够及时做出反应，然后采取措施，所以不需要提前规划。但残酷的现实是，一旦遇到风险，有的资产大幅缩水，有的血本无归，有的倾家荡产，近年来这样的故事不胜枚举。

"独立、自由、无憾"方为幸福人生。

独立、自由、无憾的内涵

什么是独立呢？独立，从财富管理的角度来看，就是要能做到"收能抵支，资能抵债，无惧风险"。

什么是自由呢？对于自由而言就是要做到"人身自由，财务自由，精神自由"。自由是有限度的，就是孔子所讲的"从心所欲不逾矩"。企业家自身如果因为触犯刑事犯罪，人身自由没有了，那么最终这个家庭也就失去了自由。

什么是无憾呢？无憾，就是要做到"恩泽子孙，延续梦想，回馈社会"。

任何一个家庭，如果要追求幸福，它的首要工作就是要确保能够实现"独立、自由和无憾"。"独立、自由和无憾"是幸福评价标准，这样的人生何其珍贵！

财富风险管理师的工作主旨

所以对于任何一个认证财富风险管理师[①]而言，其工作主旨必须是"通过财富规划，帮助客户追求独立、自由、无憾的幸福人生"。

---

① CFRA 认证财富风险管理师，www.htcfra.com。

第二章

财富有风险，富贵"险"中求

第一节　幸福与否，取决于状态

什么决定着我们是否幸福？其实，幸福与否，关键在于状态。我们可以用图 2-1 来描述。

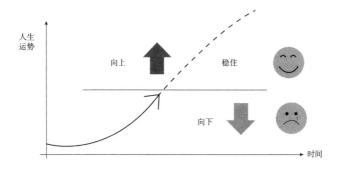

图 2-1　幸福人生

资料来源：《CFRA 财富风险管理师认证培训》教材。

用横轴度量人的一辈子，也就是时间轴，用纵轴来度量我们的人生运势，或者叫状态。

人生向上，就是幸福

如果随着时间的推移，我们的人生状态是不断向上的，就是幸福的。比如说，我们的企业做得越来越好；我们的子女越来越孝顺；我们的人脉关系越来越好；支持我们的人越来越多；收入越来越高，财富也越来越多。这些都处在向上的状态，我们就会感到很幸福。

能够稳住，也是幸福

如果做不到向上，那么稳住也是一种幸福。比如说，如果收入不能越来越多，那就稳住收入；如果健康状况不能越来越好，那就稳住这种健康状况，稳得住就是幸福。就像中年人，稳住体重不上升，稳住腰围不增加。稳住就是最大的幸福。

人生向下，幸福不再

如果稳不住，状态往下走，比如降职降薪、经营失败、收入减少、资产缩水、财富丧失、失去健康……幸福感顿时就消失了。所以幸不幸福看的是状态，幸福是一种向上或者稳住的状态。

人生要幸福，财富是基础

我们人生的幸福很大程度上是由财富基础支撑起来的，财富就是实现我们幸福人生目标的工具。比如说，我们想让子女能够接受良好的教育，我们就必须付得起高昂的学费；我们希望拥有一个安享的晚年，我们就需要有能力支付得起高昂的养老费用；我们要支撑一家老小的品质生活，比如有房有车，我们就必须稳住我们的收入。

《孙子兵法》开篇有一句话："兵者，国之大事，死生之地，不可不察也。"说的是军事之重要，事关国家的生死存亡；同样地，财富对于家庭的重要性，可以这么说："财者，家之大事，死生之地，不可不察也。"

第二节 无处不在的"熵定律"

既然财富是幸福的基础，请您思考一个简单的问题，财富"向上"更容易，还是"向下"更容易？说得更具体一点，财富"得""失""成""败"哪个更容易？相信大家已知道答案。

为什么失去与失败更容易？因为万事万物必然会遵循一条定律即"熵定律"，它统治着宇宙，决定着万物最终的命运，是整个宇宙最大的定律，所以爱因斯坦称其为科学定律之最！

何为"熵定律"

如何去理解"熵定律"呢？我们不妨用生活中一个常见现象——杯子摔碎的过程来解释。要得到一个杯子是非常难的，不知道要经过多少人的努力才能设计出来，不知道杯子要经过多少道工序才能够生产出来，不知道杯子经过多少道流程才能检测合格出厂，也不知道杯子要经过多少次的物流才能送到我们手中。所以说，得到一个杯子需要很多人合作，付出多倍的努力，是非常不容易的。但是，要想摔碎一个杯子，只需要一次不小心，毁灭就会自动完成，杯子瞬间会碎成千片万片，且想要修复或恢复完好几乎是不可能的。杯子经历的这个过程，完美地展示了这个可怕的定律——"毁掉容易成就难，一旦毁掉难复原"，这就是

"熵定律"。

不仅杯子是这样，万事万物都遵循着同样的规律。例如，2019 年发生了一件令世人悲痛的事情，"巴黎圣母院"被一把火毁掉了，"巴黎圣母院"巧夺天工，是人类的杰作，是无比珍贵的财富。它不仅属于巴黎人民，也属于世界人民。"巴黎圣母院"是无数能工巧匠花费了 150 多年时间才建成的，但是毁掉它只需一把火，恢复重建有多难先不说，即使重建了也不再是历史上那个巴黎圣母院了。

"熵定律"主导的毁灭，每天都在发生。

风险魔咒——"100-1=0"

财富也不例外，这就是为什么财富下（失去）比上（创造）更容易。

从"熵定律"出发，财富和风险的关系最直观地表述为"100-1=0"。"100"代表的是财富，"1"代表的是风险。也就是说，一次风险发生，就可以让所有财富归零，我们称之为"风险魔咒"。

风险魔咒告诉我们，要想保住财富这个"100"，必须把风险这个"1"识别出来并管理好，因为一旦"1"发生，"100"马上就没有了，这是本丛书的核心观点。

第三节　富贵"险"中求的具体概念

一句话道尽财富管理：富贵"险"中求！富贵"险"中求的具体概念，如图 2-2 所示。

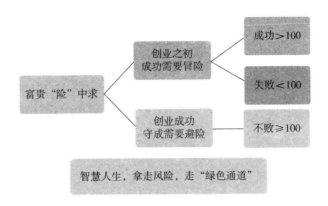

图 2-2　富贵"险"中求的具体概念

创业之初，成功需要冒险

创业之初，事业起步阶段，我们通常需要冒一定的风险才会有成功的可能。假设我们的原始财富是 100 元，我们冒险拿它去投资，如果成功了，我们就会得到更多的财富，结果就会大于 100元；如果失败了，我们的财富就会缩水，结果就会小于 100 元，甚至血本无归。这个"险"就是传统意义上"冒险"的概念，如果不冒一定的风险，就不会成功。

在财富管理中，我们做的很多的投资也是这个概念，投资要想获得好的收益，往往也是需要冒险的，冒险成功了，就赚钱；但是如果冒险失败，就会赔钱。

然而，很多高端家庭成也"冒险"，败也"冒险"。从事业初创期到事业成长和收获期一直在冒险，对如何避险缺乏周详的考虑和准备，结果一不小心，就有可能会回到原点。

创业成功，守成需要避险

"熵定律"告诉我们，失败比成功容易千倍。对于已经有了一定财富积累的中高端家庭而言，一旦冒险失败，就很难复原。很显然，对他们来说通过有效的"避险"守护财富要比通过"冒险"创造更多财富来得更为重要。只要能有效地规避风险，尽管财富增长速度较慢，但能够守住并保证不败就是成功。

对一个理性的人来讲，用100元去投资赚到20元所带来的满足感，和失去20元所带来的痛苦感相比，痛苦感要远远大于满足感。这就是为什么很多高净值家庭把安全放在第一位，宁愿选择避险，也不愿意再去冒险。[①]

风险是幸福最大的敌人。所以智慧人生的一个很重要的表现，就是要学会风险管理，预先"看到"风险，进而有效管理风险，才能保证财富立于不败之地。那么"风险"这个敌人有什么特点呢？

---

① 招商银行与贝恩公司《2019中国私人财富报告》2009~2019年中国高净值人群财富目标对比。

第三章

风险管理与财富守恒定律

只有深入认识风险的特性，才能更好地了解什么是风险管理，以及如何做好风险管理。

第一节　风险的五大特征

风险的必然性

必然性包括两点。第一，风险的存在是必然的，它不以人的主观意志为转移。你可以思考一下，地球上每天发生多少风险？人一生又会遇到多少风险？第二，风险一旦发生，造成损失是必然的。

风险的随机性

什么时间、以什么方式、发生在谁身上，完全是不确定的。风险具有随机性，随机性很容易让人产生侥幸心理，以为自己没那么倒霉，所以平时不管不顾，但有时候风险可能偏偏就发生在他们身上。

风险的无形性

风险无形，人的感官很难感知到它的存在。这才是风险最危险的特点，它在暗处我们在明处，它要偷袭我们，我们却感觉不到，也就无从防范。一旦发生就会手足无措，甚至造成严重伤害。

风险的连环性

风险不是孤立存在的，一个风险发生，往往会引发一连串风险，就如同多米诺骨牌引发的连锁效应，最终给人造成巨大的伤害和损失。古人用一个成语来形容，叫作"祸不单行"，所以抵御风险的关键在于能否把它扼杀在萌芽状态，止住向下一步蔓延的脚步。

风险的不可逆性

风险一旦发生，就会造成伤害、带来损失，要想恢复到完好如初的状态是很难的，甚至是不可能的。

对于风险的五大特性，我们可以通过病毒的暴发进行深入的了解。病毒在大自然中一直是存在的（必然性），只是它什么时间、发生在何处完全是不确定的。人的感官无法感觉到病毒的存在（无形性），开始时很难对它做有效的防范，所以最初有部分医务人员感染，并且在人群中快速扩散，慢慢地随着病例开始大量增加，人们感觉到了它的危险性，于是马上启动了防御机制，但随着病毒的迅速蔓延，这时候防御工作开始全面、全方位升级，从这一刻开始，已经从一个健康风险，迅速形成了对整个社会、生活和经济的全方位冲击。在病毒蔓延的过程中，有多少人失去生命，多少人落下残疾，多少企业关门倒闭，多少人失去工作，多少家庭财富缩水，等等。这些伤害和损失，有些根本无法挽回，有些要经过长时间才能恢复（不可逆性）。

风险引发事故，酿成一出又一出的悲剧。我们有理由憎恨风险，但是却不该把酿成悲剧的责任全部归罪于风险。俗话说"一只巴掌拍不响"，因为所有事故的发生，风险只是外因；外因如果没有内因的配合，就不会发生事故，也就不会有悲剧的出现，那什么是内因？内因就是面对风险时，人自身存在的三大致命弱点。

第二节　风险面前人的三大致命弱点

长于趋利，而短于避害

现实中存在的利与害、吉与凶、得与失、成与败等这些相对的力量，共同决定了我们人生事业的最终走向。

为什么人往往"长于趋利、短于避害"呢？首先，我们从小到大的学习，90% 的内容都是关于将来如何考个好成绩、找个好工作；长大以后，90% 的时间都花费在学习如何努力赚钱、追求成功等这些对自己有利的事情上，相比较之下，在如何防止失败、应对风险方面所花费的时间、所经历的练习、所做的思考却少之又少，这种成长方式和人生阅历，决定了我们绝大多数人在应对风险方面都是"业余选手"，因而绝大多数人不管是在能力上还是思维方式上都更"长于趋利"，而"短于避害"。

结合正反两方面案例，我们分别来看一下。

案例一

投资失败，众明星如何折戟

歌手张××近年来的疯狂巡演拥有很多"粉丝"，但是随着年龄的增长，这种工作模式确实在透支身体，张××如此拼命的原因就在于他投资的公司破产，其多年的储蓄赔光。

演员刘×在娱乐圈的人缘很好，这几年事业发展得很好，赚钱能力很强。刘×很拼命的一个很重要的原因，据说是投资某平台亏了6000多万元。

案例二

持久成功，基于不败

李××在90岁退休的时候，他总结自己的一生时提到自己做生意60多年，却没有一年亏过钱。相信很多人都做过生意，做生意一年两年不亏钱很容易，八年十年不亏钱也不太难，二三十年不亏钱那就比较难了，四五十年不亏钱难得一见，一个甲子不亏钱，估计这个世界上也找不到几个。

李××为什么能够做到这一点呢？李××用他自己的话来讲，他用90%的时间考虑失败。用90%的时间考虑失败，也就意味着把所有可能导致失败的状况都考虑到了，做好了布局，所以他就没有机会遇到失败，这才是李××60年从不亏钱、持久成功的关键。相比之下，很多人做投资的时候是不是宁可花90%的时间去谋划如何成功，却很少在行动之前花大量时间去考虑什么会导致失败以及该如何防范。把时间花在哪里，决定了结果的不同。

永远不要忘记，"100-1=0"的风险魔咒，失败比成功来得更快速、容易。李××的成功哲学启示我们，要想持久成功，必须补齐如何控制风险、防止失败这块"短板"。在趋吉（利）的同时，一定先做好避凶（害）的布局，这恰恰是多数人忽略的，所以才会说，人们更"长于趋利"，而"短于避害"。

行为由感知主导 VS. 风险无形

前文提到风险是无形的，而人的行为主要受感知驱使。因为风险无形，所以我们的感官难以感知，叫作无感；因为无感，所以我们就不会采取行动，对它进行防备，叫作无备；因为无备，所以风险一来，只能任凭它肆虐，最终我们只剩下无奈。理解这一点，我们才会懂得，应对风险不能靠感觉，而要靠理性的智慧，才能"预先看到"平常人看不到的风险，从而提前做好防范。

应对风险的无形，古人的智慧

司马相如在《谏畋猎疏》曾言"明者远见于未萌，智者避祸于无形；祸因多藏于隐微，而发之于人所忽。"他所讲的核心观点就是发现风险却难以管理风险。风险管理的第一步就是风险识别，只有发现风险才能管理好风险，只有管理好风险，才有幸福人生。

华为——预见风险，逃过一劫

华为拥有一批时刻警惕的领导团队。华为的 Logo 最初是 15 个花瓣，代表了 15 位创始人，后来创始人陆续出走，只剩下了 8 位，2006 年，华为的 Logo 改成 8 个花瓣，如图 3-1 所示。[1]

1987~2006

2006~2018

2018年3月至今

图 3-1 华为 Logo 的变化

在 1998 年，任正非就向华为的管理团队发出"华为的红旗还

---

① 华为"菊花"Logo 的由来，详见 https：//baijiahao.baidu.com/s？id=1621709216189360478。

能打多久"的质问，正是在这样强烈的风险意识下，居安思危，通过自我质询预见风险，才有了后来的"备胎计划"，能够从容应对来自外界的竞争，真正做到了有备无患。

关键结构的单一性 VS. 单一即脆弱

我们常说"物以稀为贵"，也就是说东西越稀缺，价格就越贵，孤品最贵（因为只有一个），这是从经济学角度来看的。但是，从风险管理的角度来看，有些我们赖以生存的至关重要的东西，也只有一个，这非但不是好事，反而是巨大的威胁。例如，我们只有一颗心脏；收入只有一种来源；我们只会一种工作；大部分财富放在一个地方；等等。单一的结构一旦被摧毁，就无法复原，"一旦中招，在劫难逃"，结果往往都是致命的。

这样的"单一结构"在现实中非常普遍，比如家庭主要靠一个人赚钱、收入来源于唯一的工作、财富集中于唯一的企业、家庭只有唯一的房子、人的健康和生命也只有一次，等等。家庭投资中，资产过于单一的情况也非常常见，比如很多人投资只买房子、只买理财、只做股票，等等。

单一即脆弱。没有风险发生的时候，这些结构也能够很好地承载一个家庭的幸福，一旦单一结构受到冲击，因为单一而没有备份，一旦失去就无法复制，一旦毁灭则难以复原，就会给家庭带来致命打击。

最脆弱的单一结构：一切依赖生命，而生命只有一次。

2016 年某知名企业 CEO 张 × 心梗离世。其意外去世，引发了一片震惊和叹息。当时，其妻子的悼文，更是令人心酸。"我嫁给你的时候，你无车，无房，无存款。现在你离开了，你还是没给我买过车，买过房，你也没有保险，没有理财，我们甚至没有时间和精力养育一个孩子，你去追梦不要停，我在人间照顾爹娘。""我曾对未来有过许多悲观的假设，如果公司破产了我怎么办；如果中层管理团队被全部挖了墙脚怎么办……我给每一种不幸都准备了预案，可是我从来不曾想过这种意外。就像你曾经对我说过'人生比小说精彩'！"

相信很多人看完都很感动，故事的女主人公并不缺乏风险意识，因为她做过许多悲观的假设，但她忽略了人本身也有风险。一切都依赖生命，而生命只有一次。这个最重要的单一结构被摧毁了，一切随之都失去了。

第三节　财富风险管理与财富守恒定律

不要计算风险发生的概率，而要计算风险发生的后果

很多人都坐过飞机，也知道飞机是这个世界上最安全的交通工具之一，虽然飞机失事的概率很低，但是航空公司的风险防范却是极其严格的。到机场之后，在登上飞机之前，要经过多道安检防范程序。登上飞机后，空姐还会反复提醒乘客，"氧气面罩在上边，救生衣在下面"。尽管飞机失事的概率极低，但是飞机一旦失事，后果不堪设想，所以要向航空公司学习，不计算风险发生的概率，而计算风险发生的后果。

对于关键的单一结构，要力求备份

生命对于每一个人都只有一次，它的单一性比财富的单一性要更高，所以对于生命的备份，就变得极为重要。每个人都要为自己的生命做备份，生命如何备份，在本系列丛书第二部《富贵"险"

中求——家庭健康风险与管理策略》中会有详细论述。

居安思危：预则立，不预则废

防御风险的智慧，中国古代有两句话体现得淋漓尽致：

"凡事预则立，不预则废。"——《礼记·中庸》
"居安思危，思则有备，有备无患。"——《左传》

对于风险，虽然感受不到它的存在，但知道它是必然存在的，所以在你幸福平安的时候，就要常做万一遭遇危机和不幸的思考，"预见"风险如何发生以及可能造成的影响，进而做好充分防御的准备，这样，等它真的来的时候，就能够从容应对，即使有失也可挽回，保持家庭财富和幸福的稳定，而不至于崩溃。

财富守恒定律

财富是由收入、支出、资产、负债四个项目共同构成的，是既相互联系，又彼此制约的统一的整体。

不管是小康之家还是大富之家，甚至是首富之家，任何一个家庭的财富都是由收入、支出、资产和负债四个部分共同构成的（见图 3-2）。

那么财富和四个项目之间是什么关系呢？在这里，我们要引入一个重要的概念："财富守恒定律"，它是贯穿《富贵"险"中求》系列丛书的核心理念。财富和四个项目之间的关系，我们可以用一个简单的公式来呈现，即财富 = 收入 - 支出 + 资产 - 负债。

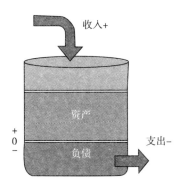

图 3-2　财富构成

收入、支出、资产、负债与财富的内在关系，在《大学》中有提到："生财有大道，生之者众，食之者寡，为之者疾，用之者舒，则财恒足矣。"如何理解呢？财，即财富；恒，即守恒。合在一起，即为"财富守恒"。要做到财富守恒，就要做到"生之者众，食之者寡，为之者疾，用之者舒"。所谓"生之者众"是指赚钱要多；"食之者寡"是指花钱要少，要有所节制；"为之者疾"是指赚钱要快；"用之者舒"是指花钱要慢。这几点都做到了，就能做到财富守恒，家庭财富就可持续。

引申一下，一个家庭如果"赚得多，花的少"，那么资产就会增加；如果"赚得少，花得多"，负债就会增加。以上，就是财富守恒定律的基本内涵。

第四章

收支平衡乃财富之本

针对"流量财富",如图 4-1 所示,它们蕴含哪些风险?这些风险会带来哪些后果?又该选择什么样的策略来进行管理?

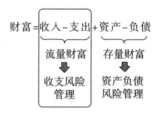

图 4-1 收支平衡乃财富之本

第一节 一生的挑战:保持收支平衡

"人生要幸福,财富是基础。"那么,财富基础最根本的、最核心的是什么呢?就是保持一生的收支平衡。说得更直白一点,就是到任何时候,钱都要够花。这一点,说得容易做到难;或者说一时做到很容易,一世做到那可不容易!

如果我们把一生的收入和支出做个对比,会发现它们如同性格脾气、长处短处、人生轨迹截然不同的两个人,二者存在巨大的反差,如图 4-2 所示。

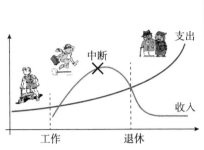

	支出	收入
持续终身	贯穿一生 天天不断	两头不赚 中间怕断
刚性递增	不断上涨 易升难降	难保总升 老了大降
意外支出	马上急需 花费猛增	原地不动 巨降归零
随意支出	花钱全天候 一冲动翻倍	辛苦八小时 钱到手有数

图 4-2　一生收入与支出对比

从全生命周期的角度来看，人的一生，收入和支出相比到底有多大不同呢？

（1）支出是持续终身的。人从一出生，直到最后一天，每天都花钱，活多久钱花多久，一天都不能断。就收入而言，没有人一出生就能赚钱，能赚钱了，也无法保证活着就赚钱，直到终身，永不中断。

（2）支出是刚性递增的。一生支出会不断上涨，并且涨上去容易，降下来难。为什么？因为我们追求生活品质不断提升，物价也会不断上涨。但收入呢？谁能保证自己一生收入只升不降，特别是退休以后。

（3）人生会有意外性支出，却难有意外性收入。人生无常，万一有意外，就要花一大笔钱，而且往往就是急用，不管你有没有准备好。但收入呢？你会有多少机会一不小心赚一大笔钱？通常，意外支出来临的时候，收入停在原地不动都是运气好的，大打折扣，甚至完全丧失的大有人在。

（4）支出可以随意，收入很难随意。人要花钱，只需要一个念头、一次冲动，动动手指就完成了。但收入呢？一个念头、一冲动，动动手指钱难道就来了？基本不可能。并且，现在有了网上购物、手机支付，花钱可以全天候，没钱还可以随便借，支出要想翻倍太容易了，可收入要想翻倍却很难。

通过以上 4 点比较，得出以下结论。人一生"支出太强势，收入太弱势"。如果我们把收入和支出比作两个人，让他们来一场 PK，不做任何干预的话，支出必然完胜收入。

第二节　收支平衡的原则：收入为本，双向并举

收支平衡，收入为本

保证收支平衡，收入风险的管理是重中之重。这不仅因为收入"太弱势"，更是因为现实中绝大多数家庭并非高净值（俗称富豪）家庭，对他们而言，收入是幸福的命脉——生活品质、偿还债务、财富积累都高度依赖一份稳定的收入，一旦失去收入，很快就会耗尽储蓄，失去偿还债务（比如房贷按揭）的能力，进而资产（如房子、车子）也很难保得住，最终生活品质必然出现断崖式下降，这是很多家庭都无法承受的。而有了稳定的收入，才能平衡支出，偿还债务，保住资产，幸福生活才得以持续。

这就是为什么我们强调家庭收支平衡风险的管理要"以收入为本"。

兼顾收支，双向并举

在收入为本的基础上，还要合理管理支出，兼顾收支，双向并举，在此基础上实现持久的收支平衡。

（1）对于收入：①要设法保住，保障收入的可持续性；②要设法扩充，力争实现收入多元化；③要进行备份，万一中断能马上补

位，快速恢复收支平衡。

（2）对于支出：①要准确预见，以便充分的准备；②要合理控制，防止它过度膨胀；③要居安思危，万一出现意外性的大额支出，要有办法对冲。

第三节　收入来源不同，管理各有侧重

按照获取的方式，收入分为以下两种。

第一，"工作性收入"——大多数家庭收入以它为主，也就是我们通常说的普通家庭，主要靠人赚钱。对于这类家庭，要把最常见的两类风险作为管理的重点，一是健康风险（含身故），由疾病、意外这类偶然风险引发的收入丧失、支出猛增的收支失衡，这是本书要重点讨论的内容；二是养老风险，由于年老收入丧失或退休后收入下降引发的收支失衡，这是《富贵"险"中求》系列丛书中篇《家庭财富风险管理之养老篇》重点讨论的内容。

第二，"资产性收入"——少部分家庭收入以它为主，这就是通常所说的高净值家庭，这类家庭主要依靠钱生钱。对于这部分家庭，要把资产的保护与传承作为财富管理的重点，资产保住了，传承好了，收支平衡自然也就不成问题。这些家庭如何做好风险管理，放在本系列丛书下篇《家庭财富风险管理之资产保全与传承篇》中讨论。

第二部分

家庭健康
风险与管理
策略

第五章

健康是"1"，财富是"0"

第一节　要想保住财，先要保住人

前面我们提到，收支平衡风险管理，应"以收入为本"。因为收入是财富的源头，而收入主要靠人赚（即工作性收入），所以人是财富的核心，经济支柱才是一个家庭最大的财富。赚钱的人如果发生风险，马上会威胁到整个家庭财富的安全和稳定，进而对幸福构成严重威胁。因此，财富风险管理一个很重要的理念：要想保住财，先要保住人！

2013年12月29日，某知名赛车手在瑞士阿尔卑斯山滑雪中不幸头部重伤，后虽经抢救和精心治疗，但一直昏迷未醒。所幸，深爱他的妻子对丈夫不离不弃，为了能够让丈夫苏醒，其妻子花1000万英镑租了一套尖端医疗套房，并雇佣了15人的医疗团队，对丈夫进行全天24小时看护，每周的医护费用高达5万英镑。为了保证丈夫的后续治疗费用，妻子陆续卖掉了私人飞机、度假别墅等资产。后据媒体报道，2019年9月其被秘密转至巴黎接受干细胞治疗，据称已经苏醒过来。外界估计，经历6年多的漫长且艰难的治疗过程，医疗费用高达2亿多英镑。

读完这个故事，让我们不胜唏嘘。无数的荣耀、滚滚的财源、奢华的生活，被一次突如其来的意外事故全然改变。躺在病床上失去意识的知名赛车手，不能再为家庭创造财富、带来欢笑，反而还要依靠巨额的花费维持生命，成为家庭沉重的负担，奢华的生活成为追忆，不得不靠变卖资产维持生计，前后命运变化何其之大。

　　类似的故事警示我们，作为财富核心的人一旦发生风险，一连串的连锁反应很容易引发家庭财富的崩溃。

第二节　人身风险的连锁效应

财富守恒定律演示人身风险

　　正常情况下，财富所处的状态，即四个项目均衡存在，如图5-1所示。

$$财富 = 收入 - 支出 + 资产 - 负债$$

图5-1　四个项目均衡存在的财富状态

　　当风险突然降临到人身上的时候，财富会发生变化，收入会消失，同时支出猛增，如图5-2所示。

$$财富 = 收入 - 支出 + 资产 - 负债 - 风险$$

图5-2　风险突然降临时财富的状态

　　没有了收入，救人要花钱，还要继续生活，还贷款，只能变卖资产，所以资产也保不住，财富状态如图5-3所示。

$$财富 = 收入 - 支出 + 资产 - 负债 - 风险$$

图 5-3 失去收入后的财富状态

支出仍在继续，变卖资产也不够，只能靠举债度日，债务与日俱增，生活品质大打折扣，财富状态如图 5-4 所示。

$$财富 = 收入 - 支出 + 资产 - 负债 - 风险$$

图 5-4 负债后的财富状态

最后，家庭财富只剩下不断增加的支出和负债，生活一落千丈，幸福荡然无存。

这就是家庭经济支柱一旦失去健康，进而丧失财富、失去幸福的连锁反应。用财富守恒定律来演示形象生动、简明扼要。

对于健康之重要，有人打了一个极为形象的比方："健康是 1，其他是 0"！

这个理念现代人或已经耳熟能详：百万元、千万元、亿万元的财富都可以用一串数字表示：1000000……，就是 1 后面有 N 个 0。每个 0 也理解为你拥有的一切：位子、房子、车子、妻子、儿子，而健康就是前面这个 1。这个 1 不存在了，即使后面再多 0，也都将失去意义，或者很难保得住。反过来说，只有保住 1（健康）才会有一切，一切才会有意义。

其实，这个理念不是现代人的专利，早在 2500 年以前，古希腊的大哲学家赫拉克利特（公元前 535 年～公元前 475 年）对健康的重要性，就曾做过类似于"健康是 1，其他是 0"的深刻表述："如果没有健康，智慧就难以表现，文化无从施展，力量不能战斗，财富变成废物，知识也无法利用。"

从"健康是 1，其他是 0"的维度出发，家庭健康风险管理该如何做呢?

第三节　健康风险管理的两大核心

健康风险管理有两大核心:①保住"1"不失:做好家庭健康管理,懂得疾病预防,健康生活,远离大病;

②保住"0"还在:拥有足够健康保障,万一得大病,能够保住财富,使收支平衡,幸福依然如故。

对于现代家庭健康风险管理,本书将分以下四大篇章讨论:

第一,现代人健康风险有多大?认识"健康风险有多大",是做好健康风险管理的重要前提。只有这个问题搞清楚了,才能提升风险意识,懂得健康管理与健康保障的必要性。

第二,健康风险是从何而来?知道风险从哪里来,你才会明白你离它有多近,才会懂得:①哪些风险是我们可以进行管理的,从何处入手做好健康管理;②有哪些风险是我们无法管理和控制的,必须进行配置健康保障。

第三,健康保障该如何做?①健康管理:如何做才能尽最大限度远离风险,保住健康;②健康保障:万一失去健康,能够挽回损失,保持收支平衡,守住幸福。

第六章

现代人健康风险有多大?

第一节　什么是现代人健康的最大威胁?

会是病毒引发的传染病吗?

病毒确实是一个可怕的敌人:第一,它是一种新型的病毒,人类对它的了解很少;第二,传播速度快,致死率高,比流感等常见传染病要严重得多;第三,当前没有特效药、没有疫苗。

我们更需要警惕的是,病毒威胁不是个案。进入 21 世纪,致命性流行病暴发的频率确实有升高的迹象。比如:2003 年非典(SARS)疫情、2014 年埃博拉病毒(Ebola Virus)疫情、2015 年中东呼吸综合征(MERS)疫情、2016 年寨卡病毒(ZIKA)疫情等。所以,近年来,世界卫生组织(WHO)、联合国以及一些专业研究机构不断发出警告:《传染病或称全球性威胁》(2016 年 5 月 WHO)、《空气传播病毒或能摧毁文明》(2018 年 5 月美国研究机构)《专家警告世界面临流行病大暴发》(2019 年 9 月联合国、WHO)。

通过这些报告,有理由相信,人类面临的传染病风险确实呈现增加的势头,并且极有可能引发全球大流行。

那么是什么原因导致了传染病风险的上升? 综合上述报告,归纳一下,不外乎以下原因:

（1）人类活动对环境的破坏。例如，原始森林的砍伐，导致野生动物离开栖息地，有了更多跟人类接触的机会，它们携带的病毒也就容易传给人类。

（2）全球气候变暖，导致高原、北极的冰川或冻土层融化，给了古老的病毒和细菌复活的机会，现代人类有可能对它们缺乏免疫力。

（3）现代社会大量人口聚居于城市，形成过高的人口密度，也给疾病的快速传播提供了便利条件。

（4）全球化时代加上超便利的交通，使国际间人口流动的速度加快，一个地区发病，更容易快速扩散至全球，形成世界大流行。

（5）各国对于全球性流行病暴发的风险缺乏足够认知以及健全的应对措施。

这些因素告诉我们，现代人面临的流行病风险正在呈上升的态势。那是不是说对现代人健康的最大威胁就是这些传染病？那倒未必，为什么？从历史上看，任何一次传染病，不管当时有多严重，它持续的时间都相对有限，不会形成永久的威胁，并且最终波及的人数也相对有限，不会带走多数人的生命。原因在于，一是人类慢慢会形成对它的免疫力；二是随着科技发展，有效的疫苗和药物会不断研发出来，人类最终会控制它的蔓延势头。

所以，相比较于现代几种重大慢性病，无论从影响的持久性还是患病人群的数量（数以亿计），以及最终的死亡率（占死因85%以上），病毒引发的传染病简直是小巫见大巫了！也就是说，现代人最大的健康风险不是传染病，而是各种非传染性的慢性病。

现代人健康最大的威胁：慢性病蔓延

笔者因为职业原因（早年在大型寿险公司从事管理和培训工作），需要研究健康风险的趋势，前后持续20多年时间收集中国人健康方面的数据资料。在这个过程中，逐渐意识到，在过去几十年里，人类的疾病谱系发生了巨大的改变，越来越少的人死于各类传染病，绝大多数人最终离开世界都是因为得了慢性非传染性疾病。尽管现代医学不断进步，但这些疾病从未减少，反而越来越多，死亡率越来越高。

所以，慢性病才是现代人健康的最大威胁。

比较典型的数据，比如这篇报道《2.6亿人患有慢性病——八成家庭油盐摄入超标，慢性病致死占死因的85%》（数据来自2012年7月9日原国家卫生部新闻发布会），其中现代人去世绝大部分是因为得慢性病（主要包括心脑血管疾病、恶性肿瘤、糖尿病、慢性阻塞性肺疾病等），到2012年的总患病人数高达2.6亿人，占了人口总数的20%。其实，2.6亿人还不是最可怕的，它只是个静态的数据，最可怕的是患病率的增长趋势。2016年11月21日"第九届全球健康促进大会"提到"慢性病的患病率十年增长1倍"，每年新增的慢性病患者超过1000万人，2016年已经达到3亿人左右，占死因的86.6%。慢性病一旦得上，一般很难治愈，往往要终身带病生存，使患者背负身体和经济双重负担。

第二节　健康中国，向慢性病宣战

真正健康的人，多还是少？

慢性病不像传染病，患病的过程要长很多，潜伏期从几年到几十年不等，所以才被称为慢性病，现代医学为了便于区分，通常把人的健康状态分为三个层次（或阶段），依次是健康、亚健康、病人。也就是说，患病之前很长时间，人处在亚健康状态。而亚健康又分轻度和重度；重度亚健康的下一步就是慢性病。中国人口总体的健康状态和趋势，用一组数据做对照，就会一目了然，如图 6-1 所示。

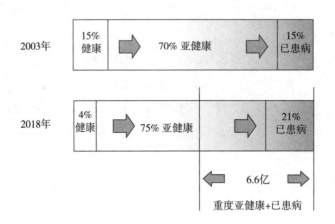

图 6-1 2003 年与 2018 年中国人口总体健康状态

资料来源：根据相关医学资料整理。

由图 6-1 可知，前后 15 年时间，患病人群、亚健康人群都显著增加了，而真正健康的人比例较少，大概只有 4%，国民总体健康状况处在不断恶化中。

触目惊心的数字：患病人群激增

人群中到底潜藏了多少慢性病患者或者高危风险者？在收集资料的过程中，经常会见到这样一些报道，比如：2010 年 11 月 14 日"世界糖尿病日"青岛开展的社区调查称"随机查了一万居民，2000 人患上糖尿病……儿童患病率呈升高趋势"；2012 年 12 月，国家医改重大专项"脑卒中高危风险筛查和干预试点项目"，在青岛两个社区开展的调查，发布结果称"惊人！脑中风高危者高达15%……筛查 20087 人，其中高危人群 3016 人"！2014 年原国家卫生和计划生育委员会和青岛政府联合推出的"癌症早诊早治惠民项目"，进行癌症高危人群筛查，预定目标要筛查出 4000 名高危对象，本来计划要免费筛查 2 万人，结果筛查 5000 人近 2000 人是高危（高危占比比预估高一倍）。2016 年 12 月 8 日，齐鲁晚报报道称 2000 名女职工中检出 50 例乳腺癌。

恶性肿瘤全国每年总患病人数的增长尤其触目惊心。2012 年《国家肿瘤登记年报》给出的数据："每年新发肿瘤全国估计 312 万人，平均每天 8550 人，每分钟 6 人被确诊患恶性肿瘤。"2014 年国家癌症中心估计 2014 年全国恶性肿瘤新发病例 380.4 万例（每天超过 1 万例）。

2016 年全国肿瘤登记中心主任陈万青撰写的发表于《临床医师癌症杂志》的研究报告称，2015 年中国新增癌症确诊病例约 430 万例（每分钟 8 人被确诊），死亡 280 万例。其中中年组（45~64 岁），癌症为第一大死因——50% 的人去世是因为患癌症。

慢性病激增，带来三大挑战与困境

第一，医疗资源供不应求，看病难。大量病人涌进医院，造成医疗资源供不应求，特别是优质医疗资源更为稀缺。《健康时报》报道"每年 79 亿人次涌进医院"，根据原国家卫生和计划生育委员会《2016 年我国卫生和计划生育事业发展统计公报》显示，2016 年全国医疗卫生机构总诊疗 79.3 人次，平均每人每年就诊 5.8 次。

"千人排长龙到医院挂号"，全国著名三甲医院一号难求，为响应国家解决"看病难"问题，医院曾经试点提前 3 天放号，结果出现千人排长龙求一号的现象。

青岛阜外医院的相关报道，过去心脏手术很少见，现在变成家常便饭，春季心脏病高发，一天要做 50 台心脏手术。

第二，部分地区医保收不抵支，缺口大。社保入不敷出。保障缺口巨大。

第三，因病致贫、返贫普遍，待逆转。不能单依靠社保医疗，要多种制度，多向并举，筹措医疗保障资金当然离不开市场的力量，使商业保险发挥应有的、更大的作用是必然的选择。

通过上述数据和分析，不难看出，国民健康风险巨大，而健康保障存在两大难题。

（1）缺乏健康管理。多数人不知道什么是健康风险，日常不做疾病预防，疾病因子不断积累，造成越来越多的人得病，最后只能靠医院，医院就越来越不够用。对于慢性病，不从根本上解决预防的问题，患病人群还将进一步扩张，医疗资源持续紧张。

（2）缺乏健康保障。保障单一，多数民众只有一份社保，但是社保的保障毕竟是有限的，尤其发生大病，全靠社保必然缺口巨大，于是演变成病人身后的家庭经济危机。

那么，现代人的健康风险有多大？总结为以下两点。

①得病很容易。现代社会慢性病蔓延，患病人群迅猛增长，后果是失去健康；②有病缺保障。一场大病倾家荡产比比皆是，大量家庭因病致贫、因病返贫，后果是失去财富。

这就是为什么开篇部分本书提出，健康风险管理策略和方法包含以下两大部分：一是保住"1"不失：做好家庭健康管理，懂得疾病预防，健康生活，远离大病；二是保住"0"还在：拥有足够健康保障，万一得大病，能够保住财富，收支平衡，幸福依然如故。

很显然，未来健康风险管理，重头戏是健康管理。如何才能不生病、少生病？这并非本书提出的新颖主张，而是"健康中国"的指导思想。

2016年8月19~20日召开的"全国卫生与健康大会"是一个值得载入史册的伟大时刻，在这一次会议上，习近平总书记就"健康中国"做重要指示，把人民健康放在优先发展的地位，努力全方位、全周期保障人民健康。紧接着，2016年10月25日，中共中央国务院印发了《"健康中国2030"规划纲要》，吹响了中国大健康的号角，其核心是从"医疗保障"向"健康保障"转型，即改变过去重医轻防的做法，疾病不是以医为主，而是以防为主，怎么想方设法让人们不得病。这是能够让每个家庭幸福安宁、缓解就医紧张、国家负担减轻的多赢举措。

健康中国的首要目标是扭转慢性病快速增长的势头。2017年2月国务院办公厅印发《中国慢性病中长期规划（2017—2025）》，核心目标是降低重大慢性病的过早死亡率，关键举措是医防协同，到2025年实现全生命周期的健康管理。

因此，当前及未来健康管理是每个家庭、每个公民保障健康的必修课。

第七章

健康风险从何而来？

第一节　风险隐藏于生活方式

前文本书分析了现代人健康最大的风险来自于慢性病。那么这么多的慢性病又是从何而来？最主要的原因是什么？

70% 死亡与饮食和生活方式有关

2016 年 10 月《柳叶刀》杂志发布《全球疾病负担研究报告》，明确指出，现代人 70% 死亡与饮食和生活方式有关。这个结论是否具有权威性呢？该报告通过汇集 1990~2015 年 195 个国家和地区 249 种死因、315 种伤病和 79 种风险因素等大量权威资料，经过深入分析研究得出的结论，无论从覆盖国别地域的广度还是历时的长度，以及研究数据的翔实度，都是史无前例的。所以其权威性毋庸置疑！

这个研究结果和 1992 年世界卫生组织提出的"寿命三角"理论（见图 7-1）不谋而合。所谓"寿命三角"，是指影响寿命的三大要素，分别是先天遗传（占 15%）、后天环境（占 25%，其中社会占 10%、医疗占 8%、气候占 7%）和生活方式占 60%（主要是个人习惯：你怎么吃、怎么睡、是否锻炼等）。

WHO"寿命三角"理论

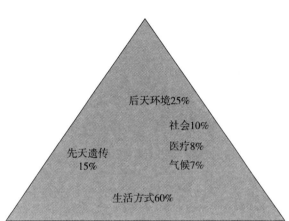

图 7-1　"寿命三角"理论

以上两个代表性的研究告诉我们什么？你能活多久、是否健康，主要是由你自己决定的。自己才是健康的主宰者！其中的关键，在于你是否采用健康的生活方式。

《中国成年人健康生活方式状况分析》显示，99% 的人活得不健康（该研究调查了中国 10 个地区，分析了近 50 万人的生活方式得出这一结论，于 2019 年 4 月发表于《中国流行病学杂志》）。

健康五大基石

1992 年世界卫生组织（WHO）发表了著名的《维多利亚宣言》（见图 7-2），提出了"健康四大基石——合理膳食、适量运动、戒烟限酒、心理平衡"。根据笔者多年的研究，感觉有一项也非常重要，就是充足睡眠，应该列为第五大基石。

WHO《维多利亚宣言》
健康四大基石

·合理膳食
·适量运动
·戒烟戒酒
·心理平衡

图 7-2　健康四大基石

我们以五大基石的前两项为例，即合理膳食和适量运动，这两项也是最基本、最重要的两项，探讨为什么现代人的生活方式存在很大问题，最终导致慢性病的蔓延。

第二节　健康第一大基石：合理膳食

为什么合理膳食最重要且排第一位？

因为它提供了保障健康的物质基础。我们的身体完全是由从食物中得到的各种分子构建而成，为此，人一生会吃掉 100 吨左右的食物。俗话说"病从口入"，吃得不对，人就容易得病。那究竟应该怎么吃才能获得充足而均衡的营养？保证我们的健康，有没有一个普适的衡量标准？

健康饮食，请参照《中国居民膳食宝塔（2016）》

2016 年 5 月 13 日，原国家卫生和计划生育委员会疾控局发布《中国居民膳食指南（2016）》，为现代中国人健康饮食提供了法律性的规范。为了使标准一目了然，该指南还绘制了《中国居民平衡膳食宝塔（2016）》，见图7-3。

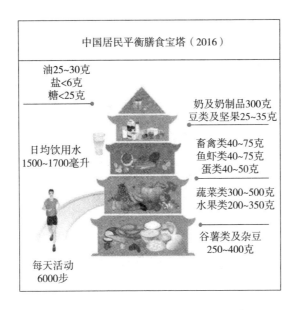

图 7-3 中国居民平衡膳食宝塔（2016）

膳食宝塔共分5层，给出了人一天满足健康营养需要所需食物的种类以及合适的量。我们一一来看一下，并与多数人现在习惯的饮食方式做一个对比，发现其中隐藏的风险点。

第一层：谷薯类及杂豆250~400克。这一层其实就是我们俗话所说的"主食"，是一天最主要应该吃的，用来供给一天所需能量，因而它是最主要的一层，所以在塔座。它有几个要求，第一，是量的要求：每天250~400克（其中，掺杂：全谷物和杂豆50~150克，薯类50~100克），可以根据自己不同的食量来定；第二，多样化，谷类、薯类、杂豆类，一天尽量要组合起来多吃几种，以保证全面的营养；第三，宁可粗一点，不要太精细。比如糙米、全麦要比白米、白面要好，很多人体所需的维生素、矿物质和纤维素都含在谷物种子的外皮，过于精细的加工使它们都丧失了。

那么，对照以上要求，现代人的"主食"存在哪些问题？第一，量没吃够，主食没有当作主食来吃，反而吃太多肉；第二，种类过于单一，营养不全面；第三，过于精细，缺少纤维素，吃进去很快被消化释放糖分，久而久之容易患糖尿病，且缺乏纤维素，不利于肠道排便，容易便秘，对身体健康很不利。《黄帝内经》提到"五谷为养"，但是现代人吃的粮食类越来越少、种类越来越单一，为疾病埋下隐患。

第二层：蔬菜类300~500克，水果类200~350克。为了便于记忆，可以理解一天半斤水果一斤菜。蔬菜水果对一天营养的重要性仅次于谷类，尤其它们含有的维生素C、胡萝卜素、花青素、植物淄醇对保持心脑血管健康、预防癌症都非常有价值。

笔者发现很少有人能够保证每天吃够半斤水果一斤菜，有的人甚至基本不吃，长期下来，健康很难保障。

以上两层是每天最主要的食物，它们共同的特点是都是"素"的。

第三层：畜禽类40~75克，鱼虾类40~75克，蛋类40~50克。这一层才是荤的，也是大多数人最喜欢吃的，并且是最能代表"生活品质"，招待人是最有面子的。你会发现，这些大家最喜欢吃的，指南却告诉你不能多吃，每种一天最多只能吃一两多一点，因为多吃对身体就有害了，特别是红肉（猪、牛、羊等畜类）更不能长期多吃。大家想想这一层我们很多人是怎么吃的？请客或过节改善生活时，通常上满一桌子菜，是荤的多还是素的多？当然荤的多！一般吃差不多了，才会问大家上点什么主食？大家要么说吃饱了，要么点米饭或面条。结果呢？主食基本没吃。

荤的东西吃饱肚子，有什么问题呢？首先，热量会大大超标，肉和鱼一口的热量基本等于两口米饭，热量总是超标，人就会肥胖，容易得糖尿病。其次，肉和鱼成为主要的热量来源，不如吃粮食健康，人更容易诱发癌症。最后，荤的食物所含的脂肪较高，而我们烹饪的过程也会用大量的食用油，这样很容易造成摄入的脂肪过量，从而带来高血脂、高血压，最终引起动脉硬化，诱发心脑血管疾病。

这就是为什么收入提高了，生活质量改善了，心脑血管疾病、恶性肿瘤、糖尿病反而越来越多了。回想以前，从1949年后到20世纪90年代早期，中国每天能吃得起肉的人太少了，每天吃的基本都是粮食和蔬菜，而且吃粗粮比较多，人穷得吃不起肉的饮食是最健康的，这就是为什么医学上常把这些病称为"富贵病"。从没钱到有钱，改变最大的就是生活方式，尤其是饮食结构。生活方式一变，健康随之改变。

第四层：奶及奶制品300克，豆类及坚果25~35克。这一层量虽然不多，但是重要的营养补充来源。一天300克奶，最重要的原因是补钙，其次是补蛋白。中国人传统食谱缺钙很严重，中年以后就会骨质疏松，一旦摔倒容易骨折，尤其是很多老年人摔碎骨盆，从此卧床不起离开人世。

豆类和坚果，特别是坚果，富含优质蛋白、优质脂肪（人体必需的单、多不饱和脂肪酸，如亚麻酸、亚油酸）、维生素B、维生素E和矿物质（钾、钙、镁、磷、铁、锌）等人体必需的营养物质，每天适量吃，对于提升免疫力，预防慢性病（心脑血管疾病、癌症、糖尿病），清除自由基，延缓衰老，保持皮肤弹性，有非常大的帮助。坚果含有精氨酸，能够产生一氧化氮很好地保护血管内皮，大大延缓动脉硬化。但是坚果也不能吃太多，每天25克左右为好，因为它油脂含量和热量较高，吃多了反而对身体不利。

现实中，有的人很少喝奶，对于坚果，很多人要么不吃，要么一吃就吃很多，这一层基本没有做到持续正确地坚持吃。

第五层：油25~30克，盐<6克，糖<25克。这一层是主要用来调味的，也是每天需要量最少的，甚至可以说是要限量的，因为每种都很容易吃超标，对身体危害都不小。现代人吃饭普遍都口味重，尤其饭店做的菜，包括外卖，好吃才能留住客户，所谓的好

吃，就是口味要重，油、盐、糖（糖主要指饮料）都严重超标。油超标了，容易患高血脂；盐超标了，容易患高血压，现代这么多人患心脑血管疾病，吃得不对是其中最重要的原因。

除了以上五点，还有两个补充。一是每天要喝足量的水，成年人每天平均 1500~1700 毫升（大概三瓶普通矿泉水的量）；二是每天走 6000 步，做到吃动平衡，促进代谢，热量消耗不致肥胖。

结合以上分析，可以将自己的饮食习惯，与"膳食宝塔"的标准对照一下了解自身存在哪些问题，有哪些该吃的没吃或吃得太少，哪些该少吃的反而吃得太多。吃饭是日复一日、年复一年的"修炼"，什么习惯，种什么因，天长日久就会结出什么果，最终就是自己的健康状况。

合理膳食，是"健商"的最重要体现

保障健康，要靠健商。一个立志健康的人，最基本的是先要管住嘴，这是健商最重要的体现。但是，往往最基本的，也是最难做到的，控制食欲，改变饮食习惯，可不是件简单的事。不过，往长远想，吃得痛快和身体健康，最终哪个最重要？现在年纪轻轻就得心脑血管疾病、肥胖症糖尿病、恶性肿瘤的人实在是太多了，如果现在给他们一次机会，让他们在 N 年以前就懂得这个道理，掌握正确的饮食知识，他们愿不愿意从头来过呢？答案不证自明。

所以，要保证一个健康的身体，仅"知"是远不够的，更在于每天的"行"，需要不断强化自律意识，久而久之身体逐渐改善，慢慢体会到健康的身体带来的好处（身体轻松、精力充沛、不易疲劳、很少感冒……），最终形成习惯和价值观，喜欢上健康的生活方式，才会终身受益，健康长寿。这个过程就是培养自己"健商"的过程——概括为 6 个字"知、行、律、好、健、寿"（"好"有两层意思，一是见到好处，受益；二是爱好，喜欢上健康的生活方式）。

记住：要为身体吃饭，不要为舌头吃饭！作为一名健康管理师，笔者坚持健康饮食已有近 30 年时间，图 7-4 是笔者日常给自己搭配的早餐，可作参照。

在住所

在酒店

图 7-4　笔者日常搭配的早餐

第三节　健康第二大基石：适量运动

与被动运动的时代说"再见"

与以往相比，现代人运动发生了非常巨大的变化。以前，中国人以体力劳动为主，那时候我们没有汽车、没有电梯、没有那么多自动化工具，生活、工作都要耗费体力。就上下班而言，前后两个时代，反差有多大？所以，以前的生活方式使人们不得不运动，过日子时自然就运动了，很少会有运动不足。

现在呢？有了很多自动化设备和工具，多数人是能不动就尽量不动。

但笔者在走高铁站、地铁站时都是拎着行李箱走上去走下去，充分利用每一次锻炼的机会。

《健康中国 2020 战略研究报告》显示，我国有 83.8% 的成年人从来不参加锻炼！意味着现代生活方式使人们的能量消耗大量减少。

吃得"好"，运动少，引发肥胖

根据医学杂志《柳叶刀》的相关报道，2013年中国肥胖人口总数达到4600万，全球排第二名，仅次于美国（7800万）；而到2016年，中国肥胖人口的总数达8960万已远超过美国，高居世界第一。

中国肥胖人群高速增长，带来健康、公共卫生负担一系列问题，引发了国内国际有识之士的高度关注。2010年3月"两会"期间，肥胖问题成为备受关注的重要议题。肥胖得到如此多的关注，并不只是身上多长点脂肪那么简单，而是对身体健康有重大影响。

第四节　超重、肥胖，百病之源

超重、肥胖到底是不是病？它的危害有多重？

为了回答这个问题，可根据相关的研究得出答案。《柳叶刀》杂志的一份报道《超重或肥胖会导致早逝》，国内的相关研究也称"肥胖是颗'定时炸弹'——猝死概率大增，容易患癌症……"。那么超重、肥胖到底是怎么危害健康的？为了弄清这个问题，笔者研究了很多专业的医学资料，认为是不良生活方式引发超重肥胖，进而危害人体，医学上称之为"代谢紊乱综合征"。

多数慢性病，可归结为"代谢紊乱综合征"

从不健康的生活方式到慢性病的过程，可以简单表述为：不良生活方式—超重肥胖—"代谢紊乱综合征"—多种慢性病（心脑血管疾病、糖尿病、恶性肿瘤）。因为涉及非常专业的医学知识，整个过程本书只能通过简单的图示，暂且做一个粗略的介绍，如图7-5所示。

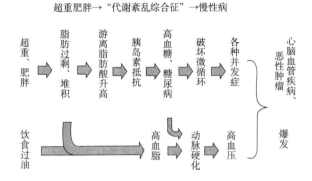

图 7-5　肥胖引发慢性病的过程

资料来源：百度百科"代谢紊乱综合征"，详见 http：//baike.baidu.com/item/ 代谢综合征 351451？ fr=aladdin；百度百科"脂代谢紊乱"，详见 thhp：//baike.baidu.com/item/ 脂质代谢紊乱 /1206341.

当人超重、肥胖，身上开始出现多余的脂肪，这些脂肪如同一个活的器官，会不断地分泌"游离脂肪酸"进入人体循环；游离脂肪酸升高会引发"胰岛素抵抗"，也就是胰岛素的活性下降，胰岛素是专门用来调节人体血糖水平的激素，它的功能被削弱，就会造成人体通过饮食吸收的血糖不能及时输送到肝脏和肌肉进行储藏，从而出现血糖水平持续异常升高，俗称高血糖，它是代谢紊乱的初期表现；持续血糖升高，人体误以为胰岛素分泌不足，从而启动代偿机制加速胰岛素分泌，结果就会出现"高胰岛素血症"，持续的高胰岛素血症，容易诱发细胞癌变，大大增加癌症的发病机会，过高血糖和游离脂肪酸又为癌细胞生长提供了非常有利的环境，并且癌细胞反过来又加剧胰岛素抵抗，产生恶性循环；同时，持续的高血糖会让胰岛细胞长期高负荷运转，最终被累得衰竭，那么之后胰岛素分泌不再增加，反而会大量减少，到这个阶段，就是我们所说的糖尿病。糖尿病人长期的高血糖，会使血管内皮受损（内皮炎症反应），形成动脉硬化，危害全身血液循环，最终引发各种并发症（失明、肾衰竭、下肢截肢、心脏病、脑卒中……）。

超重肥胖的人，通常都喜欢吃肉类、油盐高的食物，很容易造成高血脂，而高盐、高糖又很容易造成血管内皮受损，加速脂肪在血管壁的异常堆积，这就形成了病理性的动脉硬化。此时，血管内径变细，血液通过的压力变大，形成高血压。久而久之，血管壁堆积的脂肪层内部发生病理性改变，形成如同小米粥样的斑块，医学上俗称"动脉血管粥样硬化"，多数斑块都很不稳定，随时可能破裂，形成血栓或急性出血，引发心血管病（心梗、脑卒中等），如图7-6所示。

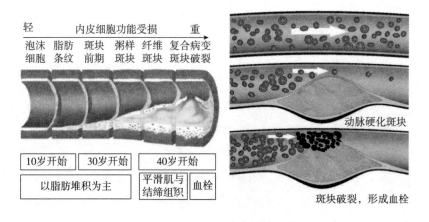

图7-6　动脉粥样硬化进程

资料来源：动脉粥样硬化形成的机理，详见 https：//www.sohu.com/a/113494504_100663.

以上分析，揭示了对现代人威胁最大的健康风险形成的链条：生活方式改变（吃得"好"、运动少）—超重肥胖—"代谢紊乱综合征"—慢性病高发（心脑血管疾病、糖尿病、恶性肿瘤）。

中国有多少人陷入这种恶性循环呢？

请看这些让人触目惊心的数字：糖尿病患者达 1.14 亿（2014年数据），每分钟新增 10 名患者，每年新增超过 550 万人；2016年世界卫生组织发布的首份《全球糖尿病报告》指出，5 亿成年人处在糖尿病前期；《中国居民营养与慢性病报告 2012》指出，血脂异常患者达 4.3 亿人；《中国心血管病报告 2018》指出，高血压患者达 2.7 亿人；同时，国家心血管中心、阜外医院蒋立新团队关于中国高血压管理现状的研究报告（于 2017 年 10 月 25 日发表于《柳叶刀》杂志）称，中国超过 1/3 的成年人有高血压，只有 15% 的人会得到治疗，只有 5% 的人会得到控制。

《中国心血管病报告 2012》指出，每 10 个成年人中有 2 人患心血管病，估计全国心血管病患者达 2.9 亿人。

警惕心血管病失控！发病率、死亡率都在升高，年轻化趋势日益显现。（摘自 2017 年 4 月 21 日《生命时报》）据 2015 年《中国成人的心血管健康状况》称，中国成年人（20 岁以上）心血管健康状态较差者达 3/4，健康状况理想的人极少。

《2016 年脑卒中流行病学报告》指出，脑卒中成为国人健康"第一杀手"——患者有 7000 万人，每年新发病 200 万人，呈"井喷"之势，每年死亡 165 万人，死亡病例占全球 40%。

更令人担忧的是，慢性病风险正在向下一代蔓延，中国未成年人的患病率也在大幅提升！以下这样的报道屡见不鲜：儿童心血管健康堪忧：饮食不健康、运动量过少、体重不达标、三高提前（血压、血脂、血糖指标差）——据《生命时报》2019 年 4 月 12 日一版头条;"这个糖尿病患者只有三岁:饮食不节制,小胖墩成糖尿病"——据 2012 年 8 月 24 日《青岛早报》;"孩子,咱咋年岁不高血压高:中小学生血压偏高检出率 14.1%;医生:要怪爱饮料、爱油炸、爱网游"——据 2012 年 4 月 6 日《半岛都市报》;"6 岁孩子也会得动脉硬化——每天运动少于 68 分钟,可能出现心脏病症状"——据 2017 年 2 月 8 日英国《每日邮报》转载英国、芬兰科学家发表于《儿科运动科学》杂志上的研究结果;"5 岁就脑卒中,15 岁急性心梗"——据 2018 年 11 月 12 日《半岛都市报》。

　　为什么这么多的孩子、这么早的时间就会得这些以前成年人才会得的病?是因为生活方式,他们习惯现代不良生活方式后,如果父母再缺乏健康意识,那么孩子们的生活方式可能比大人还差。所以对慢性病而言,年龄不是"挡箭牌",无论老少,得病与不得病的关键在于生活方式。

第五节　癌症为何猛增?

　　2017 年世界卫生组织公布的数据指出,全球每年 880 万人死于癌症。癌症以其高发病率、高死亡率著称,人们谈癌色变!那么,它的致病元凶都有哪些?又有多少跟生活方式密切相关?

　　我们看一下近年来医学界的一些研究结论。2018 年 7 月 6 日《生命时报》一版头条文章《意想不到的致癌因素》,开篇讲到,涉及 5100 万人的众多研究发现,切实改善生活方式,30%~50% 的癌症可以预防。这是 2017 年世界癌症研究基金会和美国癌症研究所《饮食、营养、身体活动与癌症预防全球报告》第三版历时 10 年研究得出的结论。也就是说,生活方式尽管不是致癌的唯一因素,但却是显著的、影响越来越大的影响因素。

癌症罪魁祸首：超重肥胖

2017 年 11 月《柳叶刀》上发表的一篇文章指出，"糖尿病和超重成为两大致癌元凶，出现这两种情况的人数在过去 40 年里激增。"

世界卫生组织下属国际癌症研究机构（IARC–WHO）发表于《新英格兰医学杂志》的研究成果表明，"肥胖或超重增加 12 种癌症的风险，分别是子宫癌、乳腺癌、结肠癌、胃癌、肝癌、胆囊癌、胰腺癌、甲状腺癌、脑膜癌、多发性骨髓瘤、食道癌和肾癌"，"腰部脂肪最易诱发癌症，每粗 11 厘米，患癌风险提高 13%"。

英国《自然》杂志上发表的相关文章表示，"肥胖会阻碍免疫系统抗癌"。

癌症罪魁祸首：缺乏运动

伴随着现代生活方式，越来越多的人有越来越多的机会久坐不动。

"久坐不动增加 14 种疾病的风险"，其中排第一位的就是癌症，美国癌症协会的研究结果建议每坐一小时至少起身运动 2 分钟，对预防癌症都是很有好处的。

美国密歇根州国立癌症研究所研究表明"每天看电视超过 3.5 小时，八种致命疾病会找上你。癌症是其中之一"。

2018 年 12 月 26 日《生命时报》援引发表于《美国医学会杂志》研究报告，"运动是最佳防癌处方！涉及 144 万人，历时 22 年的调查研究发现：适量运动可以预防 13 种癌症。"

癌症罪魁祸首：致癌食物（个人饮食嗜好）

综合多种研究发现，六类食物致癌。可以简单记住以下六个字，这些食品尽量少吃或不吃，"腌、熏、炸、烤、剩、霉"，如表 7-1 所示。

表 7-1　尽量少吃或不吃的六类食物

种类	具体是指	例如	致癌因子、危害
腌	腌制食品	咸菜、咸鱼、鸭脖、咸鸭蛋	亚硝酸盐
熏	熏制食品	熏鱼、培根肉、火腿	亚硝酸盐、苯并（a）芘
炸	煎炸食品	炸油条、炸薯条、油炸糕	丙烯酰胺
烤	烧烤食品	烤肉、烤鱼、烤海鲜	苯并（a）芘
剩	剩饭、剩菜	主要是剩菜、反复烧开的水	亚硝酸盐
霉	霉变食品	过期食品、发霉变质食品	黄曲霉毒素（毒性＝砒霜的 67 倍）

资料来源：《中国医学科学院公布的六大致癌食物，你吃过几种？》，详见 http：// www.sohu.com/a/406517883_120065439.

癌症罪魁祸首：吸烟和空气污染

无论男女，死亡占比第一位的恶性肿瘤都是肺癌。毫无疑问，与以下两大因素直接相关：

第一，吸烟。2017 年 1 月 17 日《参考消息》援引世界卫生组织报告"中国每年香烟消耗量惊人，超过紧随其后的 29 个吸烟大国的总消耗量。2013 年，中国每位吸烟者平均一天抽 22 支烟，比1980 年几乎多了 50%"。

第二，空气污染。近年来，肺癌增速远超过吸烟增速，还有部分归因于"雾霾"这个无声的杀手。2011 年 11 月 28 日中国之声《新闻纵横》报道《灰霾取代吸烟成肺癌祸首》，专家称治理需要 20年。很多人低估了常年吸入 PM2.5 的危害，它所携带的大量有害物质不仅伤肺脏，还会穿过肺泡进入血液循环危害全身。其实，室内污染也是一个危险因素，比如居家做饭，厨房油烟的浓度比室外的重度污染 PM2.5 值还要高，这也是为什么很多家庭主妇不吸烟但却患肺癌的很重要原因。

癌症罪魁祸首：心理压力

《中国城市居民健康状况调查 2013》显示：压力大成致癌首因。

加拿大魁北克大学的研究提出，"常年高压工作，易患五种癌：胃癌、肺癌、结肠癌、直肠癌和霍奇金淋巴瘤"。

英国《自然》期刊发表澳大利亚研究人员成果，"压力大，建起癌细胞扩散高速公路：压力会刺激癌症周围的淋巴管变粗、变多，使癌细胞更自由移动"。

癌症罪魁祸首：辐射

致癌风险最高的就是电离辐射，也就是核辐射。普通人也有机会接触核辐射，比如到医院做 CT、拍 X 光片，用的射线就是核辐射。美国 X 光专家说，用 CT 检查所带来的致癌风险，不比暴露在核泄漏区小。

其实还有一种隐蔽很深的风险，但却更加普遍而不被认识，就是隐藏在居室装修材料中的辐射物，比如大理石经常释放辐射物"氡"（由大理石中的镭元素衰变产生），是诱发肺癌的高危风险因素，应当引起高度重视。

癌症罪魁祸首：病原体感染和炎症

比较常见的有：宫颈癌：与 HPV 病毒感染有关；肝癌：乙肝病毒感染，引发肝硬化，最终易形成癌变；胃癌：幽门螺杆菌感染

（据有关分析，中国近半数人口携带，所以建议分餐），慢慢引发萎缩性胃炎，严重的形成癌变；鼻咽癌：和 EB 病毒感染密切相关；结肠癌：与溃疡性结肠炎有关。

总结以上，现代致癌风险因素可以归结为两大类：生活方式类（饮食、运动、吸烟、超重）和环境因素类（污染、压力、辐射、病原体），而这些风险因素的出现或增加，大都与社会和经济发展阶段、收入水平和消费模式等变化有关。有些风险是可以通过个人主动管理加以控制，比如生活方式，但有些想要规避是很难的，比如一些环境因素。

现代癌症三大趋势

总体来说，现代社会人们所面临的致癌风险，总体呈现上升的趋势。这种趋势，又可以概括为以下几个方面的特点：①患者数量迅猛增长；（世界卫生组织 2014 年的预测）；②年轻化、低龄化趋势明显；③ 40 岁后进入高发期。

本章小结

慢性病的威胁，最形象的比喻是小鸟站在一块自以为安全的礁石上，悠闲惬意，但却不知平静下面暗藏危机。比如笔者在工作中经常遇到的高血压病人，看似健康，实则危险重重。慢性病最可怕的就是"慢"，它有很长的潜伏期，这期间患者毫无感觉，甚至在自己喜欢的生活方式中自得其乐，就好比"温水煮青蛙"，但是随着病情不断积累，一旦有感觉，基本已经在劫难逃，要付出惨重的代价。

所以，我们要再一次认识风险的可怕，主要源于它的无形性，因为无形而无感，因为无感而无备，因为无备，等它真正要夺走健康、财富、幸福的时候，面对这种结局只剩下无奈，因为我们已经无力回天（风险的连环性、不可逆性）。

　　这就是为什么应对风险，一定要遵循"预则立""居安思危"的原则，才能以最小的成本，达到最好的效果。尤其面对这种"慢性病"风险，一定要预先、全面、系统布局，方可抵御它的不期而至，守护来之不易的幸福！

　　具体来说，就是本书开篇部分我们提到的两大策略：①保住"1"不失：做好家庭健康管理，懂得疾病预防，健康生活，远离大病；②保住"0"还在：拥有足够健康保障，万一得大病，能够保住财富，保证收支平衡，幸福依然如故。

第八章

保住 "1" 不失：如何做好健康管理

第一节　认识健康管理

为什么需要健康管理？

通过前文分析，我们知道，现代社会超过 80% 的人去世都是因为慢性非传染性疾病。慢性病不像传染病，发病急，症状来得快，人不会马上就有感觉，发病过程漫长（往往需要几年到十几年，甚至几十年），且不易察觉，大部分危险因素都隐藏在每个人的生活方式（或日常习惯）中，如果不能早点认识并阻断这些危险因素的影响，任其发展，最终的结果往往都很致命。

从这个意义上说，慢性病是一个巨大的、狡猾的 "敌人"。对付这样的 "敌人"，我们就需要一种特别的策略，能够帮助人们 "看到" 那些隐藏的风险，并且主要依靠每个人自身的努力（重中之重是保持良好的生活方式），来成功地阻断、延缓，甚至逆转疾病的发生和发展进程，实现维护健康的目的。这种策略，就是健康管理。"21 世纪是健康管理的世纪！"

健康管理是如何诞生的？

健康管理（Managed Care）是 20 世纪 50 年代末由美国提出的

概念，其核心内容是医疗保险机构通过对其医疗保险客户（包括疾病患者或高危人群）开展系统的健康管理，达到有效控制疾病的发生或发展，显著降低出险概率和实际医疗支出，从而减少医疗保险赔付损失的目的。美国最初的健康管理概念还包括医疗保险机构和医疗机构之间签订最经济适用处方协议，以保证医疗保险客户可以享受到较低的医疗费用，从而减轻医疗保险公司的赔付负担。

随着实际业务内容的不断充实和发展，健康管理逐步发展成为一套专门的系统方案和营运业务，并开始出现区别于医院等传统医疗机构的专业健康管理公司，并作为第三方服务机构与医疗保险机构或直接面向个体需求，提供系统专业的健康管理服务。[1]

健康管理的定义

健康管理是指一种对个人或人群的健康危险因素进行全面识别和管理的过程。其宗旨是调动个人及集体的积极性，有效地利用有限的资源来达到最大的健康效果。

健康管理是以预防和控制疾病发生与发展、降低医疗费用、提高生命质量为目的，针对个体及群体进行健康教育，提高自我管理意识和水平，并对其生活方式相关的健康危险因素，通过健康信息采集、健康检测、健康评估、个性化健康管理方案、健康干预等手段持续加以改善的过程和方法。[2]

健康管理的三个核心

（1）科学为基础。疾病特别是慢性非传染性疾病的发生、发展

---

①② 百度百科"健康管理"词条，详见https：//baike.baidu.com/item/%E5%81%A5%E5%BA%B7%E7%AE%A1%E7%90%86/280899？ fr=aladdin。

过程及其危险因素具有可干预性。通过系统检测和评估可能发生疾病的危险因素，帮助人们在疾病形成之前进行有针对性的预防性干预，可以成功地阻断、延缓，甚至逆转疾病的发生和发展进程，实现维护健康的目的。

（2）个人为中心。强调个人的积极主动性，个人要成为自身健康的第一责任人。疾病预防很大程度上在于健康生活方式，自己不主动，别人再高明也无能为力。

（3）预防为根本。慢性病重在预防，所以健康管理特别强调对于疾病危险因素的早期发现和控制，注重"不治已病治未病"的理念。预防做得好，经济上可以少花钱，身体上可以少遭罪。国内外大量预防医学研究表明，在预防上花 1 元钱，就可以节省 8.59 元的药费，还能相应节省约 100 元的抢救费、误工损失、陪护费等。

健康管理的价值

健康管理不仅是一套方法，更是一套完善、周密的程序。通过健康管理能达到以下目的：一学，学会一套自我管理和日常保健的方法；二改，改变不合理的饮食习惯和不良的生活方式；三减，减少用药量、住院费、医疗费；四降，降血脂、降血糖、降血压、降体重，即降低慢性病风险因素。

在西方，健康管理计划已经成为健康医疗体系中非常重要的一部分，并已证明能有效地降低个人的患病风险，同时降低医疗开支。美国的健康管理经验证明，通过有效的主动预防与干预，健康管理服务的参加者按照医嘱定期服药的概率提高了 50%，其医生能开出更为有效的药物与治疗方法的概率提高了 60%，从而使健康管理服务的参加者的综合风险降低了 50%。

健康管理在国内的发展

近年来，我国的健康管理走到哪一步？未来前景如何？特别是对于保险公司、保险从业者会有怎样的影响和机会？

健康管理，已经得到国家高度重视

以前对待疾病可以说是"重医轻防"，平时不做"防"，最后只靠"医"。但是，随着经济和社会发展，生活方式和环境的变迁，慢性病风险剧增，数以亿计的国民患上慢性病，不仅给国家、社会、家庭和个人带来沉重负担，更给未来的发展蒙上阴影。

所以，2016 年国家出台《健康中国（2030）》规划，把人民健康放在优先发展的地位，努力全方位、全周期保障人民健康。紧接着两大政策出台，2017 年《中国防治慢性病中长期规划（2017—2025 年）》，指导思想为"医防协同，实现全流程的健康管理"。2019 年《健康中国行动（2019—2030 年）》核心是实现"以治病为中心"向"以健康为中心"的转变，"聚焦治未病，努力使群众不生病、少生病"。

这个转型，要求个人、家庭、社会和政府都要行动起来，共担健康责任、共享健康成果。所以在"健康中国"的引领下，健康管理成为每个人、每个家庭的必修课。每个人都应该成为自身健康的第一责任人。

健康管理师，备受重视，舞台广阔

为了积极响应和推动中共中央国务院"健康中国 2030"的实施，满足我国大健康产业，快速发展对健康管理人才的迫切需求，根据国务院《关于促进健康服务业发展的若干意见》（〔2013〕40 号）、

《十三五全国卫生计生人才发展规划》等文件精神，2017年人力资源社会保障部公布140项国家职业资格目录清单，将健康管理师正式纳入其中。21世纪，健康管理师的职业前景无限，这一点毋庸置疑。

健康管理，成为保险公司战略转型的重要组成部分

前文介绍过，健康管理起源于保险业。为什么保险公司要推出健康管理？道理很简单，保险公司承保了大量健康险的客户，随着患病率不断提高，保险公司的赔付压力会越来越大。如果不能将客户的患病率控制在有效范围，极有可能造成保险公司的倒闭。反之，做好客户的健康管理，让客户不生病、少生病、晚生病，保险公司才有盈利和持续生存的可能。所以，无论对客户还是保险公司，健康管理都是势在必行的双赢策略。

国内保险业也出现了同样的趋势。随着近年来重疾险市场的快速增长，保险公司的赔付压力越来越大，于是，"保险＋健康管理"成为目前商业健康险的一大创新趋势，不仅把保险卖给客户，同时还通过现代科技手段（移动互联APP、大数据、未来物联网）帮助客户做好健康管理，这样做的结果一举两得，一是增强客户的服务体验，强化客户黏性；二是有效控制赔付率，放大保险公司的利润空间。

健康管理，成为很多保险从业者转型方向和竞争的利器

能够帮助客户做好健康管理，对于从事保险销售的人来说至少有两重意义：第一，为客户提供专业服务，帮助客户保持健康，会增强客户的获得感，进而增进对营销员的信赖和忠诚度。第二，更重要的是，销售保险，需要客户有健康的身体。当大量人口亚健康，甚至患慢性病时，想买高额保障而又能顺利通过体检、核保的

人会大量减少，市场会变得非常狭窄，即使产品再好、能力再强也无能为力。如果营销员会做健康管理，就能够通过早期干预，帮助很多客户实现疾病的逆转（比如高血压、高血脂、肥胖超重），恢复成标准体，这样就可以拓展保障型产品的市场空间。所以，现在有很多从业者在学习健康管理师的课程，甚至考取健康管理师的资格证书，使之成为提升竞争力、专业化销售的利器。

第二节 健康管理，三级预防

作为健康中国落地政策，《中国防治慢性病中长期规划（2017~2025年）》的指导思想为"医防协同，实现全流程的健康管理"。所谓"医防协同"，就是要改变过去重医轻防的做法，把"以防为主"（也就是健康管理），上升到战略的高度。

什么是"医防协同"？如图8-1所示。

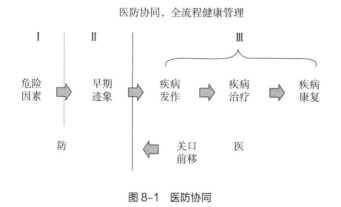

图 8-1 医防协同

图8-1显示，疾病从发生到治疗的整个过程可以分为三大阶段（见图8-1中Ⅰ、Ⅱ、Ⅲ）。

我们在第Ⅱ阶段和第Ⅲ阶段之间画一条线，线左边的第Ⅰ阶段、第Ⅱ阶段属于中医上讲的"未病期"，此时人还没有得病，疾病在发生和潜伏中，这个阶段属于"防"，主要目标是如何让人不得病，就是中医上提到的"不治已病治未病"；第Ⅲ阶段，就是"已病期"，疾病真的发生了，就要考虑如何有效地治疗、抢救、康复，这个阶段属于"医"的内容。

在健康管理实践中，医防协同就体现为疾病的三级预防体系，具体内容如表8-1所示。

表8-1　疾病的三级预防体系

三级预防	具体内容	关键词	中医理念	三道防线
一级预防	防病因：如何做到不得病	知利害，好习惯	上医治未病（养生）	能避
二级预防	防病发：早期消灭或控制	早发现，早干预	中医治欲病（保健）	能控
三级预防	防重创：挽救健康和经济	治得了，恢复好	下医治已病（医疗）	能治

资料来源：根据相关专业资料整理。

图8-2形象地比喻这三道防线之间的关系。

图8-2　三道防线间的关系

资料来源：根据相关专业资料整理。

前文提到，三级预防之间的成本关系：1∶8.5∶100。国外大量预防医学研究表明，如果在疾病预防上投入1元钱，那么在治疗上就可以节省8.5元医药费，还能相应节省100元的抢救费、误工费、陪护费。所以无论从保护健康的角度，还是从经济的角度，"预防第一"都是最重要的原则。

第三节　一级预防——防病因（病因预防）

关键：知利害，好习惯

一级预防又称病因预防。关键词是"知利害，好习惯"。所谓"知利害"，就是要知道哪些对健康是有利的，哪些对健康是有害的（所谓病因）。知道利害，才能做到兴利除害，在此基础上改善生活方式，养成良好习惯，终身受益。《黄帝内经》提到"上医治未病"，这个阶段疾病并没有发生，从病因入手，才能从根本上防止疾病的发生，这是保障健康最有效的做法。

具体该怎么做呢？记住以下两大方面：一是知利害：普及健康教育，增强防病意识；二是好习惯：修正生活方式，提升自身免疫。

知利害：普及健康教育，增强防病意识

这是健康管理的第一步，用来解决"知利害"的问题。俗话说"无知者无畏"，笔者作为一名健康管理师，在从事健康管理的实践中，遇到太多的人，身上有很多不利健康的习惯（比如饮食不当、缺乏运动、吸烟），有的甚至已经出现不良症状（比如高血

压、高血糖、高血脂），但他们自己却不以为然。为什么？因为他们对于这些问题有多严重、面临的风险有多大，缺乏最基本的认知，甚至缺乏最基本的常识，这才是最危险的。不知利害，怎么可能采取正确的行动呢？这正反映了基本健康教育的缺失，也反映了普及健康教育的紧迫性，无论是对于整个社会，还是每个家庭和个人都是一样。

好消息是，伴随着"健康中国 2030"规划的出台，国家在2018 年重启了"健康管理师"培训和认证考试，每年将为全社会培养数以万计的健康管理专业人才，为普及健康教育奠定了人力基础。全社会关于健康教育的制度建设、一系列政策也在不断地完善和落实。

尽管这样，慢性病预防相关知识的普及，关键仍然是个人重视和主动学习。健康是人一生最大的财富，健康管理是每个人一辈子的事业。只要重视、想学，在这样一个信息发达的时代，取得满意的学习效果并不是什么难事。

好习惯：修正生活方式，提升免疫力

承接前文"普及健康教育，增强防病意识"，这一步是从知到行的过程，学了如果不行动，不如不学。

前文提到"寿命三角"的概念，生活方式对寿命的影响占了 60% 的权重，是健康最重要的影响因素。人的生活方式一旦形成，相对固定，表现为各种生活习惯。如果风险就藏在这些习惯中，不加防范，那它就会日复一日、年复一年地侵蚀我们的健康，积累到一定程度人就会患上慢性病，并终身不愈。这就是所谓的"积重难返"。

所以当我们知利害之后，就要检视自己的生活方式，存在哪些做得好的方面，要继续坚持；存在哪些有害的方面，然后要下决心去改变，出现困难，要想办法克服。

"知利害，好习惯"以防癌为例

防癌——知利害

2014 年 6 月 21 日《参考消息》报道，《英国统计数据显示——不良生活方式导致癌症激增》，其中所提到的生活方式，如肥胖（对应的是饮食、运动失衡）、吸烟、饮酒、日光暴露等，造成自 2003 年以来肝癌增加 66%、皮肤癌增加 61%、口腔癌增加 48%、肾癌增加 46%、子宫癌增加 31%。10 年时间这么大的增幅，可见这些不良方式的危害有多大，坚持正确的生活方式对防癌有多重要。

防癌——好习惯

什么样的生活方式最有助于防癌？笔者在 2012 年 11 月 29 日《半岛都市报》上看到一位专业医师的推荐，笔者认为其是对于现代人防癌很有价值的建议，题目是《养成这 10 种好习惯，可显著降低患癌风险》，这 10 种习惯不是哪个人随随便便杜撰的，而是美国癌症研究所和世界卫生组织癌症研究基金会的专家用了 30 年时间研究出来的。所以，这都是精华，学起来又不复杂，大家一定要珍惜并加以好好利用。

防癌推荐的 10 种好习惯，分别是：①避免超重，保持体重指数 BMI 不超过 25；②成年人的体重增长控制在 5 千克以内；③每天进行中等强度的锻炼，每周剧烈运动至少一小时；④多吃水果或蔬菜，每天进食 5 份或更多（可以参照：半斤水果，1 斤菜）；⑤多吃碳水化合物，如谷物或全麦食品，每天进食 7 份或更多（参照膳食宝塔：谷薯类 250~400 克）；⑥不提倡饮酒，但如果不可避免，建议女士一天饮酒不超过一次，男性不超过两次；⑦红肉的每日进食量限制在 85 克以内；⑧限制含脂肪食物的摄入，尤其是动物脂肪，减少其占总能量摄入的百分比；⑨限制盐的摄入，减少食用腌制食物，控制烹调中的盐的用量；⑩不吸烟，包括主动吸烟和被动吸烟。

遵照"健康四大基石"，做好慢性病预防

细心的读者可与前文提到的世界卫生组织"健康生活四大基石"做一个对照，会发现这十大习惯没有偏离"平衡膳食、适量运动、戒烟戒酒、平衡心态"，可见四大基石的权威性之高。

因为"健康四大基石"所建议的生活方式对于预防慢性病很重要，所以本书重点强调以下四点，分别是"管住嘴、迈开腿、控体重、戒烟酒"。

（1）管住嘴——为身体吃饭，不要为舌头吃饭。《中国居民平衡膳食宝塔 2016》给出了最佳的饮食建议，为了便于读者记忆、实践，笔者总结了 6 个字的饮食法则，如图 8-3 所示。粗：饮食不要过于精细，适当吃点粗粮（红薯、杂豆、杂粮、糙米）。杂：饮食要多样化，每天食物种类不少于 12 种，每周不少于 25 种，保障营养全面。素：吃得要偏素一点，以粮食类、蔬菜、水果为主；肉和鱼等荤的食物要搭配适量吃（每天各 1 两左右）。清：少油、少糖（每天不超过半两）。淡：少盐（每天不超过 6 克）。少：饮食要规律，吃七八分饱。现代研究发现，减少热量摄入，非常利于长寿。

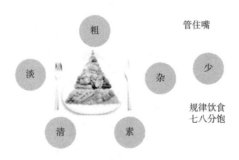

图 8-3 6 字饮食法则

还有，关于食物的加工方式提出两个建议。一是尽量避免高温，能用蒸煮的，就不用或少用煎炸烧烤。二是尽量吃新鲜原材料直接烹制的"原味、浅加工"食物（新鲜的蔬菜、水果、谷物和肉类），少吃"味重、深加工、耐贮存"的食物，尤其是工业化食物（如各种饼干、点心、果脯、方便面、火腿等）。

俗话说，病从口入。笔者认为，好好吃饭是人的一项基本修养。笔者认为"为身体吃饭，不要为舌头吃饭"，要日复一日加以坚持、实践，绝不马虎将就。因为职业关系，笔者每年要大量出差到各地授课，为了能够满足每日饮食结构需要，笔者通常会在行李箱里带足每天必吃，对健康非常有利的食物（比如洋葱、苹果、多种坚果、绿茶；夏天会带黄瓜，补充一路上缺少的蔬菜），所以行李箱会很重，但是在高铁、地铁上下楼梯时，从来不坐扶梯，都是拎着行李走上去走下去。每天坚持饮水和锻炼的原则，自然而然就会有一个健康、耐劳、充满活力、很少感冒的体格。

（2）迈开腿——每天走 6000 步，坚持不懈。坚持运动有多重要？不运动的危害有多大？一份权威研究的结论供大家参考。2018年 10 月 19 日《美国医学杂志》发布的研究结果：不锻炼的危害"极其出人意料"！也就是说比过去人们认识的还要严重得多，有多严重？该报告说"久坐不动的生活方式对你的健康所带来的危害比吸烟、糖尿病和心脏病更严重……久坐不动应该被认为是一种与高血压、糖尿病和吸烟同样严重的风险因素（2018 年 10 月 22日《参考消息》）！""运动量少的人死亡风险高 6 倍，不运动的危害超过吸烟（2019 年 5 月 15 日《生命时报》对同一份报告的引用报道）。"

那么什么是适量运动呢？一是健康需要的运动量。

建议每周不低于 5 天，每次 10 分钟以上，每周累积 150 分钟以上的中高强度的锻炼（俗称有氧运动）。［对于普通人群，所谓中高强度，心率达到（220−年龄）×60%~80%，比如张先生今年40岁，心率下限（220−40）×60%=108次/分，心率上限（220−40）×80%=144次/分〕。

二是运动的种类，应该三种结合。①有氧运动：用来减脂、增强心肺功能。比如快走、慢跑、打羽毛球。②阻抗运动：用来增肌，锻炼大肌肉群。比如举重、引体向上、哑铃、平板撑、深蹲等力量性锻炼。③拉伸运动：用来保持柔韧性，改善动脉硬化，提升平衡能力，防止摔倒、拉伤。比如瑜伽、压腿等。

具体做法和要求，可以参照运动金字塔，如图8-4所示。

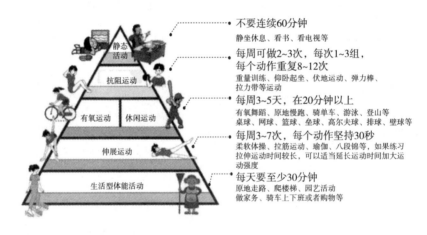

图8-4 运动金字塔

资料来源：百度百科"运动金字塔"，详见 http：//baike.baidu.com/item/运动金字塔/9964964？ fr=aladdin.

三是避免长时间久坐，中间穿插运动。久坐伤身，一次连续坐2个小时以上，对身体的负面影响已经产生，这个与我们平时是否坚持运动无关，比如长时间久坐会使血液循环速度降低，很容易产生血栓，严重的甚至引发肺栓塞。如果必须长时间坐着工作，专家建议，每坐一个小时，起身锻炼2分钟，对于消除久坐危害大有帮助。

最佳的运动，推荐健步走。专家的建议，每天走 6000 步，"走掉"三大慢性病。

对高血压而言，走 6000 步可以降压，让血管运动起来。在步行过程中，身体肌肉尤其是腿部肌肉所消耗的营养和氧气量增大，细动脉内径扩张可增大血流量，补充所需的氧气和营养，这种功能是血管的一种本能，叫作"血管的自动调节功能"。在这种功能的作用下，血液可顺畅地输送到全身各个部位，从而促使全身的血管均匀开放，动脉血压此时相对降低。

对高血脂而言，走 6000 步可以降脂，血液变得干干净净。每天健走 3 千米、5 千米的运动量，正好 6000 步左右，若每天坚持，不出半年，血脂水平将大为改观。

对糖尿病而言，走 6000 步可以降糖，大量消耗葡萄糖。健步走锻炼对糖尿病患者有以下益处，健步走可以减肥，减肥后体内许多组织细胞对胰岛素的敏感性增加，使胰岛素的需要量减少，病情得以控制；健步走还能大量燃烧血液中的葡萄糖，加强糖代谢的调节和提高葡萄糖的利用率，从而使血糖和尿糖降低，还可以有效预防糖尿病的发生。健步走可以增强体质，改善新陈代谢和心肺功能，以减少心血管的并发症。

总之，生命在于运动。笔者总结了坚持足量运动的 12 大好处，如图 8-5 所示。

①促进血液循环　　⑦增肌减重

②降低癌症风险　　⑧排毒养颜

③增强心肺功能　　⑨减轻疲劳

④延缓动脉硬化　　⑩改善睡眠

⑤纠正代谢紊乱　　⑪心情愉快

⑥提升自身免疫　　⑫老而不衰

图 8-5　足量运动的 12 个好处

一生坚持运动，帮助有多大？从钟南山院士的身上我们可以看到，坚持良好生活方式、持续锻炼的人可以做到老而不衰，不只是长寿，而且可以做到健康长寿。大家知道，现代人寿命已经大幅延长了，但是很多人延长的却是不健康的寿命，要带病生存很多年，近年来媒体经常还有类似的报道，如《我国凸显"长寿不健康"现象》（2012年7月9日《青岛晚报》），《北京人"非健康寿命"长达18年》（2014年6月19日《参考消息》），《我国人均健康寿命待提高》（2017年7月4日《老年生活报》）。

控体重：体重不光关系到美不美，更关乎生命

超重、肥胖的危害前面已经提及了很多，这里就不再赘述了。体重多少是健康，超重、肥胖用什么标准来衡量？一般采用国际公认的BMI（Body Mass Index）体重指数，BMI计算方法和中国标准，如图8-6所示。

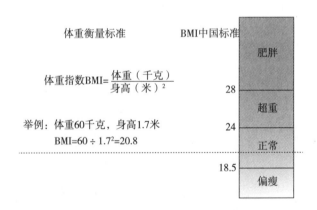

图8-6　BMI计算方法和中国标准

我们可以根据公式计算一下自己的BMI指数处在哪个范围。

还有一个计算方法，就是按照我们的身高，正常体重的上限应该是多少千克？计算方法为：身高（米）^{2}×23.9=___千克。

戒烟酒

戒烟。戒烟到底有多大的必要？美国癌症死亡率出现明显下降，背后有三大原因。排第一位的是控烟取得良好成效，烟民大幅下降。早期筛查和预防排第二位，治疗方式的进步排第三位。可见戒烟对于防病，特别是防癌有很重要的大意义。2018年9月14日《生命时报》报道，过去美国到处可见吞云吐雾的人，抽烟还一度成为富人阶级奢华品位的象征。这一现象在1964年发生了天翻地覆的变化，美国公共卫生局发布吸烟与健康报告，随后通过提高烟草税、加强宣传、推动立法等各种手段，成功降低了吸烟率。如今美国公共场合全面禁烟，除了专门设置的吸烟区，看不到任何吸烟的人。尤其在精英阶层中抽烟的人极少，反而越贫穷的人抽烟率越高。此外美国食品药品管理局在2017年7月推出"削减香烟中的尼古丁含量至非成瘾性水平"，以此约束烟草制造商改变生产标准，取得良好效果。

吸烟的危害，毋庸赘述；但它对健康的损害却被中国人大大低估了。前文提到，从1980年到2013年中国烟民人均吸烟量增加50%，中国一个国家消耗的烟草总量，超过29个大国的总和。可怕的是烟草的危害不仅局限于一手烟（吸烟者本人），研究发现二手烟（在空气中氧化后再次被人吸入）对人体的危害更大。尽管我国实行了N年的公共场合严禁吸烟，但是令人痛心且担忧的是，直到今天，除了飞机、高铁上已经基本没人吸烟，大量的公共场合依然有众多的烟民吸烟。

对于戒烟，有些国家的重视程度、执行力度很大！有一次笔者到日本旅游，在高速公路的服务区，笔者看到室外都禁止吸烟，违者重罚（一次相当于人民币几千元），如果吸烟，服务区有专门吸烟室，这样能有效控制二手烟对他人的伤害。在城市中心、大街上吸烟的人极少，所以日本肺癌包括其他慢性病的发病率较低，日本之所以能成为世界上最长寿的国家之一，这一点非常重要，值得我国学习和借鉴。

戒酒。2018 年 12 月 20 日，世界卫生组织官网健康四大基石"戒烟限酒"修改为"戒烟戒酒"，进一步强调"应该减少饮酒，最好滴酒不沾"。

世界卫生组织之所以做出这项改变，是基于近年来一些科学研究的结论。比如 2018 年 1 月 5 日《城市信报》报道，喝酒会永久损伤 DNA，增加患癌风险，这是来自于英国剑桥大学的研究成果，该研究发现，酒精代谢产物——乙醛，其会折断干细胞的 DNA，永久性地改变其遗传密码，引发七种癌症的风险（包括肝癌、乳腺癌、肠癌、口腔癌、食道癌、喉咽癌、肠癌），并且强调，即使少量饮酒也有这种风险，也就是说饮酒没有所谓的安全剂量。可见，过去人们低估了饮酒，尤其是少量饮酒的危害，认为"小酌一下没啥问题"其实是个很大的问题，应当戒酒。

健康生活方式与传染病预防

以上本书主要讨论的是修正生活方式，对于慢性病的预防非常重要。那么对于传染病的预防，生活方式是否也同样重要？

随着人类活动对环境的破坏，不断会有新的病原体流行，对人类的生命安全构成严重威胁；有些病毒不断变异后，传染性和毒性越来越强（比如新型流感）；由于抗生素的滥用，促使细菌的耐药性越来越强，逐渐出现一些无药可用的超级细菌，这种情况也越发严重，所以严重威胁现代人类健康的，除了慢性病，还有此起彼伏的传染病。

而对抗病毒与细菌，最关键的就是自身的免疫力，免疫力可以帮助我们做两件事：①消灭入侵的病原体，主要是细菌、病毒；②修复身体的各种损伤和病灶。

免疫力的关键：能量代谢平衡

那么怎样才能拥有良好的免疫力？它的核心是什么？科学研究发现，免疫力的核心在于人体能量代谢以及能量的消耗和获取（能量的收支平衡）。

能量消耗。人只要活着，每时每刻都在消耗能量。那么，能量都消耗在哪里呢？主要表现为以下几个方面：①基础代谢，就是在身体健康、室温 25℃左右、心情平静、平躺姿势的状态下消耗的能量，这是人体所需的最低能量水平，保障人的基本生理活动。②调节体温，当外部环境温度过低或过高，都会加大能量消耗，以保持正常的体温水平。③工作劳动，包括体力和脑力劳动，都大量消耗人体能量。④情绪消耗，人有七情六欲，就会引发心理波动，一般平静状态能量消耗较低，而大喜、大悲、大怒等状态下，能量都会被大量消耗。⑤本书提到的"免疫和修复"也需要能量。

那么，以上各种能量的使用有什么规律呢？专业研究发现，前面四种属于"主动消耗"，也就是人体能量优先被前四项使用，剩下的才归免疫和修复使用（属于"被动消耗"），如果前面的四项消耗完了没有剩下多少，免疫就没有多少能量可用了。所以，这就是为什么一旦感冒发烧，医生都会建议你卧床休息，不要再拼命工作，以便能够节省更多的能量用来免疫，消灭病毒。

有很多人提到他们经常有这种体验：平时上班越忙的时候，身体没有问题，反倒是一到周末或者放假休息的时间，身体会出现问题。为什么会这样？因为平时忙的时候，自身能量优先给工作用了，一闲下来，身体主动消耗能量减少了，才会有富余的能量用来做各种损伤、病灶的修复，一修复身体就有感觉了。这反映出他们平时能量是处在透支状态，有这种现象更应该注意适当休息、良好作息，让身体的损伤和病灶有足够的能量持续完成修复，直至完好，否则一拖再拖，很容易拖出大病，如"积劳成疾"和"过劳死"。所以，要想拥有良好的免疫力，一定要做到劳逸结合，即"一张一弛，文武之道"。

能量获取。人每时每刻都在消耗能量，这些能量都是从哪获得的呢？具体表现在以下几个方面：

一是自身储备。每个人或多或少都储备了一定的能量，这就是为什么一两天没吃饭，人还能活着。那么一个人能量储备多少与什么有关呢？第一，是年龄，往往越年轻储备能量越多，免疫力就越强。第二，是运动锻炼，经常锻炼的人能量储备就多，反之就少。所以，缺乏运动，不仅容易得慢性病，对传染病的免疫力也比较差。第三，健康状况，有慢性病的人，一般能量储备差；而健康的人能量储备较好。能量储备其实就是身体的底子，遇到同样的问题，储备好的人能扛过去，储备差的人可能撑不住。感染病毒去世的人绝大多数都是老年人和慢性病人，原因就在于他们身体的能量储备水平低，缺乏足够的能量来免疫。所以，无论是慢性病还是传染病，预防的根本都在于健康生活方式，因为健康生活方式能让一个人保持较好的能量储备，以维持代谢的平衡。

二是食物摄取。人体所有的能量，归根结底都是从食物来的。吃饭是人获取能量的最基本方式。这里又有几个问题：第一，是能否坚持三餐饮食有规律，而不是饥一顿饱一顿，尤其很多人早餐不吃（最需要补充能量的时刻），晚餐又吃太多、吃太晚（消化能力最差，肠胃需要休息的时候），这对于能量的有效补充是极为不利的。第二，肠胃功能好不好，吃进去的饭能否被充分消化吸收？第三，糖代谢是否正常，人体的能量都是从食物消化吸收来的葡萄糖获得的，患血糖高、糖尿病的人，吃进去的糖分不能被充分利用，那他们的能量获取就有问题，免疫力必然受影响。

三是环境补充。尽管这不是获取能量的主要渠道，但有时候也很关键，特别是人处在阴冷、低温环境，自身的调节不足以维持正常体温，就需要从环境获得能量，至少是减少能量的流失速度。比如用暖气、电热毯等取暖，晒太阳，蒸桑拿、洗热水澡、热水泡脚等，都是利用外在环境补充身体能量，这对于自身能量代谢差的人尤其重要。免疫力低的人一定要注意保暖，就是这个道理。

四是睡眠充电。人一天的能量代谢是否有足够的能量供当天用，最重要的是取决于前晚是否睡得好、睡得足。你有没有过这样的感觉：假设前晚没睡好或睡得太少，今天你吃得再好，你会有精神吗？为什么？没睡好，当天就不会有足够的能量用。反之，如果你晚上睡得很好，第二天就会感觉相对轻松，很有精神即使少吃顿饭也不会觉得累。

所以，一天的能量代谢，睡眠是根本。人体把从外部获得的能量输送到全身各个器官，主要是在睡觉的过程中实现的，该睡时不睡，经常熬夜或者睡眠质量差经常失眠，就会阻碍这个过程，也就是说吃进去的能量不经过睡眠过程，是无法有效输送到人体各个部位的。就如同一个工厂，储备了很多原材料，但是都堆在仓库里，没有搬运到生产线上，正常的生产就无法开展。睡眠是给身体各个部位充电的过程，与工厂是一个道理。没睡好，身体各个器官第二天要工作，就没有足够的能量，怎么可能有免疫力？所以，睡不好的人或者总是睡太晚的人，一般免疫力都比较差，对感冒、病毒缺乏抵抗力，更容易被感染，感染了就不容易好，甚至可能失去生命。

《2015 年中国城市居民健康报告》显示，我国有 52.8% 的城市居民有失眠问题。

好好保护、珍惜我们每天的睡眠，应该把充足睡眠纳入健康五大基石中。尤其建议不要长期熬夜，养生强调要睡好子午觉。子时，就是 23：00~凌晨 1：00，这时应该进入深睡眠；午时，午餐后过半个小时，闭目养神 30 分钟左右，对健康很有帮助。

五是静坐冥想。静坐冥想同样能够调节能量向全身输送的过程，它的效果如同睡眠，对于增强免疫力、降低血压、改善精神状态都非常有帮助。冥想对于改善健康的价值逐渐被美国医学界认可。

对于睡眠质量不好的人，推荐尝试练习冥想打坐。其实很简单，就是让自己静下来，把全身放松，思想放空，把各种念头放下，让自己慢慢进入一种宁静的状态，然后感受自己的身体和内心。随着身心入静，慢慢会感受到一种和悦的状态，很舒服，在这个过程中，疲劳得以缓解，身体得以充电，做得效果好，只需二三十分钟就如同补了一两个小时好觉，让自己精力充沛、"满血复活"。

笔者练习静坐已经很多年了，因为职业原因要到各地授课，经常会因为航班延误等原因，不能在午夜前赶到酒店下榻，有时候睡三四个小时就要起床准备，没有精神怎么办？这时笔者往往会早起半个小时，先静坐冥想，这样在登台讲课前就已经恢复到体力充沛的状态。当然与所有技巧一样，都需要一个不断练习、探索、感悟的过程，刚开始最大的问题可能就是不容易静下来，但笔者认为只要坚持、揣摩，慢慢就会熟练掌握，成为终身受益的法宝。

预防传染病，要重视预防接种

关于预防和战胜传染病，除了提升自身免疫，还有两点提示：第一，及时做疫苗的接种，比如每年流感季前老人和免疫力低下的人要注射流感和肺炎疫苗；女性接种的宫颈癌疫苗；所有人都应接种乙肝疫苗等；第二，注重个人和环境卫生，养成良好习惯：勤洗手、勤换洗衣物；采用分餐制、慎食生食；室内经常通风、勤扫除；不乱扔垃圾、不随地吐痰、打喷嚏咳嗽要捂住口鼻等。

免疫力口诀

为帮助读者更好地理解、消化本章内容，本书自编免疫力口诀与大家共享，希望能够学以致用，如图8-7所示。

免疫力口诀

· 该睡就睡，不要太累；
· 爱护肠胃，还要吃对。
· 不急不火，心态平和；
· 知冷知热，劳逸结合。
· 坚持运动，冥想静坐；
· 晒晒太阳，做做按摩。
· 预防接种，记得要做，
· 不造不作，病奈我何！

图 8-7 免疫力口诀

第四节 二级预防——防病发（临床前预防）

关键：早发现，早干预

针对慢性病，要做到三早——早发现、早诊断、早治疗。针对传染病，要做到五早——早发现、早报告、早诊断、早隔离、早治疗。二级预防的目的，很显然，无论针对慢性病还是传染病，都是围绕一个"早"字，力求在疾病的早期阶段介入，把疾病消灭在萌芽状态。这样做有三点好处：第一，更容易治愈，这个阶段疾病通常还处于可逆的阶段；第二，付出的健康代价小，预防好，恢复快；第三，经济成本更低。

但是，现实中，这个"早"说起来容易做起来难！

重点：慢性病的二级预防

对于慢性病，非常严峻的现实是，大部分患者的自我知晓率很低，发现、确诊时往往已经到了中晚期，错过了最佳的治疗机会，多数已经不可能治愈，只能带病生存。比如，高血压和糖尿病，很多患者根本不知道自己已经患病。这正是慢性病最可怕的地方，它已经在患者身上很久了，患者却没有感觉；等它要发作有感觉的时候，患者已经错过了制伏它的机会，往往要付出身体和经济的惨重代价。要知道，慢性病不是孤立存在的，往往会有很多并发症，而并发症造成的伤害可能比这个病本身更严重。

以高血压为例：人患高血压后，如果没有及早发现并有效控制，心脏就会长期承受比正常血压更大的压力，此时会造成心肌变厚（如同我们健身肌肉变粗），心脏就会变大（临床上成为心脏肥大），因为心脏所处的空间有限，最终心肌就不得不向内扩张，这样心室慢慢会变得狭小，每次心跳向外泵血量就会明显减少，然后身体各部位就会缺血，身体的自我平衡机制就会要求心脏加速工作，造成心动过速、超负荷工作，慢慢就会造成心衰，极容易引发猝死，如图 8-8 所示。

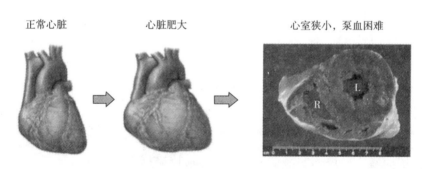

正常心脏　　　　　心脏肥大　　　　　　　　心室狭小，泵血困难

图 8-8　高血压→心脏肥大→心衰

资料来源：Wang S. X., et al. From Hypertensive Heart to Narrow Ventricle [J]. Chinese Medical Journal, 2012, 125（1）: 21-26.

中国控制高血压的形势有多么严峻？35~75 岁的成年人中有将近 2 亿人（超过成年人的 1/3）患有高血压，只有 15% 的人会得到治疗，只有5%的人会得到控制。（国家心血管中心、阜外医院蒋立新团队关于中国高血压管理现状的研究报告，2017年10月25日发表于《柳叶刀》杂志。）

如果说一级预防针对的是"未病"人群，二级预防的重点人群就是"欲病"人群（将病未病），包括：①亚健康人群，是处于健康和患病之间的灰色地带，还没有发生器质性病变人。现在到底有多少人是亚健康呢？根据世界卫生组织的研究，占比约为75%（已病20%，健康5%）。②慢性病的早期患者，如果能够及早发现和干预，他们还有逆转的机会，至少可以很好地控制病情的进展，并防止并发症。

慢性病的二级预防，具体做什么？概括来说，围绕"三早"为核心，做到：①重视体检，及早发现；②及早诊断，及早治疗；③综合干预，控制进展。三者之间是步步为营、递进关系，缺一不可，最关键的是及早发现。

重视体检，及早发现

做好日常自检，关注身体日常的一些变化和表现，包括：①体质状况：比如体重、腰围变化；关注精力变化，是否容易疲劳，睡眠质量如何？ ②自测血压、心率，有无头晕不适？③其他不适症状：五脏六腑有无疼痛，大小便（颜色有无异常）；皮肤有无明显的变化、有无黑痣出现；身上有无能触及的肿块等。如果感觉有异常状况，及时到专业医疗机构做个问诊、检查；这是第一道关！

借助专业工具进行自我风险评估，以糖尿病为例，如图8-9和图8-10所示。

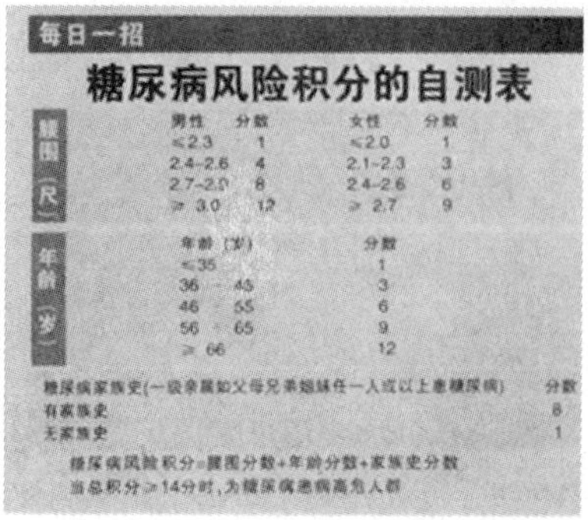

糖尿病风险简易自测法

张先生 42 岁，根据自身状况打分如下

男 42 岁……………………3 分

腰围 2.8 尺……………………8 分

母亲患二型糖尿病…………8 分

合计……………………19 分 >14 分

评估结果：张先生属于糖尿病高危人士

图 8-9　糖尿病风险自我评估

资料来源：近 2 万人意外查出糖尿病［N］.青岛早报，2012-11-15.

高血压风险简易自测法

分值……………………危险度

1~2 分……………………很小

3~4 分……………………较低

5~7 分……………………较大

8~9 分……………………高危

图 8-10　高血压风险自测

资料来源：三个人会有一个高血压［N］.半岛都市报，2013-05-06.

专业机构体检

一定要重视定期体检，不要觉得自己很年轻，有点毛病没什么，扛一扛就过去了。

以"90 后"为例，他们 20~30 岁，正是风华正茂的年龄，但是疾病的检出率之高让专业人士震惊。例如，2019 年 6 月 18 日广东发布的《广东省人工智能大健康管理蓝皮书》，这些 20~30 岁的年轻人高尿酸血症检出率从 2010 年的 18.7% 快速增长到 2018 年的 35.4%。上海外服联合《大众医学》杂志社 2018 年 10 月 10 日共同发布《2018 年上海白领健康指数报告》显示，2017 年上海白领体检异常比率高达 97.08%，比 2013 年上升了 3%，而且呈现出逐年增高的态势。也就是说，100 个人中只有 3 个人体检显示完全没有健康问题。异常情况检出率排名前五的分别为：体重超重（36.9%）、脂肪肝及脂肪肝浸润（33.7%）、外痔（14.1%）、血尿酸增高（13.7%）和甲状腺结节（12.0%）。2013~2017 年，增长最快的体检异常情况分别为甲状腺异常、肾结石及结晶和体重超重。

年青一代体检报告暴露出这么多的问题，说明什么？从三级预防的角度，他们绝大多数都没有做好一级预防，也就是生活方式有问题。体检检出异常指标，这是身体在对风险拉警报，提示要赶紧做二级预防，即改变不良生活方式，及时做必要的治疗，把疾病消灭在萌芽状态；如果忽视这些警报不理会，任由不良生活方式延续，那不久的将来会有真正的大病到来，就只能用三级预防了（大病治疗），身体和经济的代价将无法估量。

> ・20 岁：查传染病
>
> ・项目：肝功五项、血常规、胸部 X 光
>
> ・30 岁：查血糖
>
> ・项目：餐后血糖、糖耐量试验、糖化血红蛋白
>
> ・40 岁：查心脏
>
> ・项目：心电图、血脂、血压、心脏检查、心血管检查
>
> ・50 岁：查骨和肠胃
>
> ・项目：骨密度检查、大便常规、肠镜、胃镜
>
> ・60 岁以上：全面检查
>
> ・项目：除以上外，查听力、查眼底

图 8-11　各年龄段重点检查项目

资料来源：人民网 . 20 岁防传染—30 岁查血糖……每个年龄段有重点检查项目［EB/OL］.［2016-11-15］.http：//www.health.peopel.com.cn/n1/2016/1115/c214/71_28861595.html.

各年龄段重点检查项目（简版，不分男女），如图 8-11 所示。
各年龄段分性别重点检查项目如表 8-2 和表 8-3 所示。

表 8-2　女性体检项目

年龄	20~30 岁
项目	频率
乳房自我检查	每月一次
生化检查	每年 2 次
甲状腺功能	每年 2 次
免疫接种	麻疹、风疹、腮腺炎病毒疫苗；符合条件者可接种 HPV 疫苗
年龄	30~40 岁
项目	频率
身高、体重、血压	每年一次
生化检查	每年一次
甲状腺功能	每年一次
妇科检查常规（白带常规、TCT、妇科 B 超）	每年一次
乳腺检查（乳腺 B 超）	每年一次
颈椎 X 线检查	每年一次
年龄	40~50 岁
项目	频率
身高、体重、血压	每年两次
生化检查、甲状腺功能	每年一次
乳腺检查（乳腺 B 超或乳腺钼靶）	每年一次
性激素 6 项	每年一次
骨密度、骨代谢三项	每年一次
眼底检查	每年一次
肛门指检	每年一次

续表

年龄	50 岁以上
项目	频率
身高、体重、血压	每年两次
生化检查、甲状腺功能	每年一次
血流变检查	每年一次
心脏彩超＋心功能	每年一次
颈动脉彩超	每年一次
颅内多普勒血流图	每年一次
便常规＋潜血	每年一次
肿瘤标志物	每年一次
头部 CT	每年一次

资料来源：搜狐网 . 女性各年龄段必做的体检项目，这篇文章全说清楚了！〔EB/
OL〕.https：www.sohu.com/a/319824897_120140093.

表 8-3 男性体检项目

年龄	20~30 岁
项目	频率
健康营养及慢性病风险咨询	每年一次
血、尿生化检查	每年一次
免疫接种	麻疹、风疹、腮腺炎病毒疫苗；乙肝疫苗补种
年龄	**30~40 岁**
项目	频率
身高、体重、血压	每年两次
生化检查	每年两次
健康营养及慢性病风险咨询	每年一次
颈椎 X 线检查	每年一次
前列腺检查	每年一次

续表

年龄	40~50 岁
项目	频率
身高、体重、血压	每年两次
生化检查	每年两次
心脏超声	每 2~3 年一次
胸片检查	每年一次
性激素 6 项	每年一次
前列腺特异性抗原 PSA	每年一次
骨密度、骨代谢三项	每年一次
颈椎、腰椎 X 线检查	每年一次
年龄	50 岁以上
项目	频率
身高、体重、血压	每年两次
生化检查	每年两次
胸部 CT	每年一次
项目	频率
心脏彩超	每年一次
颈动脉彩超	每年一次
颅内多普勒血流图	每年一次
肺功能检查	每 2~3 年一次
胃镜、结肠镜检查	每 2~3 年一次
肿瘤标志物	每年一次
头部 CT	每年一次

资料来源：搜狐网．男性各年龄段必做的体检项目，这篇文章全说清楚了！［EB/OL］．https：// www.sohu.com/a/333388929_218376.

及早诊断，及早治疗

重点关注以下几点。

第一，不怕有问题，勇于面对！2019年"'90后'不敢看体检报告"的话题上了热搜榜，对于这个年龄段的人来说，要么正在上大学，要么就是大学毕业寻找工作，要么就是在工作上拼搏，这样风华正茂的年纪，居然不敢看自己的体检报告，让很多人感到唏嘘不已。为什么不敢看？在采访中大家都这样说，永远不会去看；有的表示是害怕看自己的体重；有人直接说自己平时熬夜，天天晚上玩手机玩到通宵；还有人早就觉得自己的身体状况已经不是很好了。有人说："就怕万一查出来有什么病，或查出来什么不好的东西。"体检要做、体检报告要看；不但要看，还要会看，看了之后有问题要重视，要勇于面对，更要采取行动，及早诊断，及早治疗，下决心改变不良生活习惯。趁机学习，提升健商，变不利为有利。记住：早期发现的问题都不是问题。不要恐病，不要讳疾忌医，更不要置之不理，否则未来可能追悔莫及。因为二级预防是在给你最后一次能够保住健康的机会。

第二，体检报告怎么看？一般专业体检机构会打印纸质报告，打开封面，一般第一页会汇总这次体检的异常结果（见表8-4）。

表8-4 体检指标

项目		理想范围	高风险（临界值）	异常值
体重 BMI		18.5 ≤ BMI<24	24 ≤ BMI<28 超重	≥ 28 肥胖
腰围（厘米）		男 <85 女 <80	男 85~89 女 80~84	男 ≥ 90 女 ≥ 85
心率（次 / 分）		60~100	—	>100 心动过速 < 60 心动过缓
血压 （mmHg）	舒张压	<80	80~89	≥ 90 高血压
	收缩压	<120	120~139	≥ 140 高血压

续表

项目		理想范围	高风险（临界值）	异常值
血脂 （mmol/l）	总胆固醇 TC	<5.2	5.2~6.1	≥ 6.2
	甘油三酯 TG	<1.7	1.7~2.3	≥ 2.3
	低密度脂蛋 白 LDL-C	<3.4	3.4~4.0	≥ 4.1
	高密度脂蛋 白 HDL-C	男 1.16~1.42 女 1.29~1.55	—	<1.0
血糖 （mmol/l）	空腹血糖	<5.6	6.1~6.9	≥ 7.0
	餐后血糖	<7.8	7.8~11.0	≥ 11.1
糖化血红蛋白（%）		<6.5	6.5~7.5	≥ 7.5

资料来源：《健康管理师：国家职业资格三级》培训教材。

第三，发现异常怎么办？不要把它放在抽屉里置之不理，要尽快咨询专业医生，做进一步的风险评估，听取他们的建议，通常包括：是否要做进一步的诊断？是否要进一步观察？有无必要做一些治疗？生活方面注意哪些问题？

综合干预，控制进展

作为二级预防的综合干预，一般包括"医疗手段＋生活方式"，以高血压为例，如表 8-5 所示。

表 8-5　二级预防干预

干预事项	做法
生活方式	控制体重（18.5 ≤ BMI<24）、适量运动、 饮食清淡（减盐减油）
适当治疗	规范服用降压药（遵医嘱），把血压控制在健康范围
持续指标检测	定期自测血压，并做记录 如不能控制在正常范围，应及时就医

资料来源：根据相关资料综合整理。

笔者见过很多人体检之后已经有几大项异常指标，结果既没有采取必要的治疗控制（比如高血压适当用药），生活方式又依然我行我素，继续吸烟、喝酒、大肉大鱼，从不锻炼。这样做就是自欺欺人，对自己和家人是非常不负责任的。

　　风险面前人人平等，要做到每时每刻预防疾病。大病不会因为一个人身份特殊、地位高贵、身家亿万、才华出众就给予特别的对待，一个人智商、财商、情商很高，唯独健商很低，恣意挥霍自己的健康，终有一天会发现，那些高的商都没有意义，统统会败给这个低的健商。

　　如果前两级预防没做好，最后只剩下一次机会了，即三级预防。但是这个机会存在很大的不确定性，那就是能不能治好不一定，治好了能不能继续工作不一定。同时一定会伴随巨大的代价：身体的、精神的、经济的、幸福的代价等，这是一定的。

　　这就是为什么古人强调"不治已病治未病"，而《健康中国2030》的核心也是力求如何"让人们不生病、少生病"。

第五节　三级预防——防重创（临床预防）

"防重创"的内涵——防止身体和经济遭受重创

　　这是健康的最后一道防线，大病来了，就要用医疗手段挽救健康、挽救生命；并要用经济手段，平衡收支，延续幸福，二者相互依存，缺一不可。

　　关于健康的三级预防体系，打一个形象的比方：疾病就像一个"敌人"，一级预防，就是让"敌人"没有机会出现，没有机会接近你；二级预防，就是"敌人"出现了，但还没成气候，比较弱小，没有那么大的杀伤力，你趁此机会出手，可以轻松制伏它、除掉它，这样做不但难度小，成本也很低；三级预防，就是"敌人"变得很强大并且要跟你来一场你死我活的战斗了，我们要想办法如何打败它，并且尽最大可能保全自己，把损失降到最低。

遭遇一场重大疾病，就要尽最大可能去治，结果可能治得好，也可能治不好。即使能够治好，所谓"杀敌一万自损八千"，通常也会付出很大代价，有的甚至是难以承受的代价，包括身体的、精神的、经济的、幸福的代价，比如巨额花费；健康状况再也难以恢复到以前；一段时间收入会降低甚至完全丧失，严重的可能会长期失能，无法继续工作，还需要别人长期照料；连累家人无法正常生活，甚至无力支付孩子教育费以及房子剩余的按揭；等等。

所以，三级预防的关键词：治得了（医疗，挽救健康和生命）+治得起（保障，挽救财富和幸福）。先要力求治得了。

得了大病，要不要治？

很多人可能会抱有这样一个想法：很多大病都是绝症，治也治不了，干脆就别治了，也省得花钱。这是人没真正遇到大病才会有的想法，现实情况可能远远不是这样。第一，将来会得什么病，不是你自己说了算的，你怎么知道那个病不能治？第二，要不要治，不是病人一个人说了算的。你的健康和生命不只属于你自己，你是别人的儿子或女儿、妻子或丈夫、爸爸或妈妈，他们需要你健康，他们需要你活着。第三，人都是惜命的，往往越到最后的时刻，越想活着，越眷恋生命。第四，更重要的，现代医学的进步堪称飞速，很多过去所谓的"绝症"，现在不仅能治，还能治好。所以我们要借这个机会，帮助大家了解一下飞速发展的现代医学。现代医学在最近几年取得了多么令人兴奋的进展，以及创造了多少过去不可思议的奇迹。器官移植已经很成熟、很普遍，患者重获新生，并且能大幅延寿；大病≠绝症，超级复杂的手术成功，让患者"奇迹般"生还；新型靶向药物攻克难治的癌症；治疗癌症进入疫苗时代；基因疗法登上历史舞台，晚期癌症患者可以治了，并且可以治愈；新一代放疗技术可以做到精准放疗，功能强大，副作用小；新型纳米技术，实现医疗多种突破；干细胞治疗，未来因为脑部受损所致的瘫痪、植物人都可以治了；3D打印，按需提供器官；芯片植入，恢复瘫痪肢体，是失能患者的福音；等等。

以上新的医学突破，都是最近十年出现的，它们都是借助了新兴科技的力量。在这样一个科学技术突飞猛进的时代，人类也许离告别绝症的日子不远了。

技术上能治了，经济上治得起吗？

医学科技的突飞猛进，使很多过去不能治的病现在能治了，这固然是好事，但也会有一个问题，人们的经济能力允许吗？电影《我不是药神》的情节令大家记忆犹新，它一经播出，引起了社会大众广泛的关注和热烈的讨论。因为它击中了大众内心的一个痛点，真要遇到大病，那些能够保命的进口特效药如何才能吃得起？

除了特效药，还有一些现代医学的新型治疗手段，也是极为昂贵的并且医保报销比例有限。比如，"人工肺"，学名体外膜氧合（英文缩写为ECMO），就是当人的肺出现衰竭不能为身体供氧的时候，可以用这台设备来代替为人体供氧。它的费用是多少呢？据有关专业人士介绍，开机就需要6万元，然后一天的费用为1万~2万元，而且必须在ICU中使用，加上ICU的费用，一天合计要2万~3万元。笔者认为，中国绝大部分家庭依靠自身财力，都会陷入两难的抉择；还不一定能保证治好，所以最终也许会人财两空。而治疗的费用，还只是大病带来的诸多经济负担之一。事非经过不知难,三级预防能否真正成为健康的最后一道防线,还要看我们能否承担得起大病带来的一系列经济后果。我们必须提前做预见和准备,否则一个人倒下,必然拿其他人的幸福买单,这种悲剧故事,每天在每座城市都在不断地上演。

我们一再强调,家庭健康风险管理,永远离不开的两大核心:①保住"1"不失:做好家庭健康管理,懂得疾病预防,健康生活,远离大病;②保住"0"还在:拥有足够健康保障,万一得大病,能够保住财富,保证收支平衡,幸福依然如故。

所以接下来我们要以专业的态度,严肃地讨论家庭健康保障到底该如何规划,万一有大病才能够保住财富,守住幸福。

如何才能治得起?

在中国,由健康事故引发的家庭失去财富和幸福的悲剧故事之所以如此常见,反映出中国家庭的健康保障存在巨大缺口。为什么会有如此巨大的缺口?根本原因在于保障形式过于单一。中国保险行业协会发布《2018 年中国商业健康保险发展指数报告》显示,尽管我国健康保障缺口巨大,但是商业健康险的覆盖率竟然不足 10%。为什么会这么低?看一下与这份报告相关的调查问卷的问题,以及受访者是怎么回答的:"您重视自己的健康吗?"大部分人回答"重视"(大家的健康意识并不低);"抵御健康风险,您目前采用什么方式?"多数人的回答竟然是"基本的医疗保险 + 自筹资金"。也就是说,除了基本医疗保险,就是靠自己,因此保障缺口大。

这份报告揭示了,在多数人心目中,"利用商业保险保障健康"这个概念基本不存在。这与中国内地商业保险自 1992 年开启代理人制度、完全市场化营销,每天有数以百万计的营销员走街串巷拜访客户、销售大量保单的现实形成了强烈的、让人难以接受的反差。为什么 20 多年的时间，健康保障的概念竟然没有走进中国大众多数人的内心？原因何在？这值得我们全社会，尤其是保险业同人深刻的反思。

原因固然有很多，但笔者认为，其中很大一个原因是过去从业人员缺乏专业。2018 年 7 月 19 日安永和太保安联联合发布《中国健康险白皮书》提到："从市场整体看，中国的健康险规模小、增速高、空间大，蓝海市场特征明显。但是目前行业面临的一大痛点是营销人员专业度低、缺乏系统培训。"另一份由北大汇丰风险管理与保险研究中心和保险行销集团保险资讯研究发展中心联合发布的《2018 年中国保险代理人基本生态调查》同样显示，对于职业前景，保险营销员当前的主要困惑"专业能力不够"居第一位。

销售的保单能提供多少保障、能帮助一个家庭解决多少问题，是营销员的专业能力的最基本体现。那么近年来中国商业保险的客户发生风险，获得的理赔总体情况是什么样呢？

以《2016 年理赔数据分析》（发表于 2017 年 2 月 27 日《中国保险报》）提供的信息为例："重疾理赔金额明显偏低：综合各家数据来看，重疾理赔金额在 0~5 万元的占比为 63.7%，根据原卫生和计划生育委员会《第五次国家卫生服务分析调查报告》加上医疗费用年均增长率的推算数据，2016 年末大病医疗平均支出约为 166250 元，这样看来相比平均花费在十几万元、几十万元的疾病手术、治疗费，重疾保险理赔金明显偏低。"来自于银保监会的 2018 年保险业理赔数据分析同样显示，"重大疾病理赔情况：2018 年重大疾病件均赔付金额为 7 万元，理赔金额 0~10 万元的占比为 82%，能达到 40 万元以上理赔的案件仅占 1% 左右，与重大疾病治疗费用所需额度 10 万~50 万元存在较大缺口"。

这些缺口放在分析报告里只是一个数字，但对于那些家庭来说却是幸与不幸的分水岭。要知道，"保险是一种特殊的商品，买的时候用不着，用的时候买不着！"一个家庭当初买保险的时候，是把幸福的希望寄托在这张保单上，满心希望将来万一遭遇不幸，保单获得的理赔能够帮助他们渡过难关、延续幸福，但真正拿到理赔时却发现杯水车薪。此时他们一定渴求更多的保障，后悔自己当初怎么没多买一些、买足、买全。但是，现实再也不会给他们从头来过的机会了。即使理赔了也不能解决问题，客户没有真正享受到保险自身保障带来的好处，他们会认可吗？不认可会主动宣传吗？这大概就是为什么商业健康保险覆盖率如此之低的根本原因吧！

专业的核心，即回归保险本源。为客户提供保障，真正解决客户家庭风险问题，才是保险业存在的最核心价值，偏离这一主线，都是拿行业的前途当儿戏。2017年《中国保监会关于规范人身保险公司产品开发设计行为的通知》（中保监〔2017〕134号文），明确提出"切实发挥人身保险产品的保险保障功能，回归保险本源。"

中国商业健康险未来市场空间广阔，原保监会副主席黄洪在《2017年陆家嘴论坛》上讲话指出，2015年我国卫生总费用突破4万亿元，由商业健康险赔付承担的部分不足2%，几乎可以忽略不计；到2020年，中国居民的卫生费用支出将超过8万亿元，假设医保支付覆盖其中的一半，剩下的4万亿元就是商业健康险的责任和发展空间。

第九章

保住"0"还在：专业健康保障规划

第一节　保险保障的本质与意义

人都希望自己一生能够平安度过，但是一路上却充满了大大小小的各种风险。小的风险无所谓，即便遇到了也很容易过得去。就怕一些大的风险降临，特别是对人的身体、健康甚至生命带来巨大伤害的风险，遭遇这样的风险，人会倒下（重病、失能、身故），使一个本来完整的家庭遭受重创，但这只是风险造成的直接后果，还有比这个更严重的间接后果，就如同一次地震引发的次生灾害造成的损失可能会更大，家庭不仅要面临昂贵的救治费用，还会斩断赖以生存的收入来源，双重不幸雪上加霜，很快将陷入"家庭残缺、经济破产、生存艰难、失去尊严，梦想破灭、计划搁浅"的绝境。

而保险的意义和价值就在于，当人遭遇不幸的第一时间，能够为这个家庭提供所需的经济援助，不仅快速地恢复当下的收支平衡（承担医疗支出），并在未来相当长的一段时间可以使"生活继续、幸福延续"（弥补收入损失）。保险要为客户提供的是"家庭保障解决方案"，真正能够为风险兜底，灾难发生后，帮助客户锁定幸福的下限。

从这个意义上讲，不足 10 万元的保障，只是象征性地向客户售出了一份保单，根本不足以覆盖人身风险发生后的一系列损失，所以，离"家庭保障解决方案"有相当大的距离。所以，我买保险了≠保障问题解决了（可以安心无忧了）。

第二节 专业保障规划的标准

保障八字方针：万无一失，依然如故

那么保单按照什么样的原则去设计，或者已经购买的保单按照什么标准去检验，才能衡量出它是否是一份真正的"家庭保障解决方案"呢？我们提出八字方针"万无一失，依然如故"，如图9-1所示。

- （设计）预见风险：万无一失
  —事先对问题、风险做充分的预见和准备
- （检验）遇见风险：依然如故
  —事故发生后，能够收支平衡，照常生活

图9-1 保障八字方针

案例启示

接下来，我们以现实中实际发生的故事，来解读"万无一失，依然如故"八字方针的确切含义，以及它的重要意义。

笔者有一位年龄相仿的好友，他在一家大型寿险公司任高管，从事保险业已经有十余年。就在几年前的一次身体检查中，发现身体有一个"占位"，担心是恶性肿瘤，医生建议他做进一步检查。等结果出来，发现确实是恶性的，并且已经到了晚期。公司高层得知之后，很快通过就医绿色通道安排国内某著名肿瘤医院医治，医生为他动了手术，据称手术很成功，尽管部分或全部切除了病灶周围的一些器官组织，但是病情很快得到了控制，这算是不幸中的万幸。

住院一个月后他出院，总共花费接近 20 万元，医保报销了大约 50%。这时，我们都非常关心他的保险保障情况，之前他自己购买了重大疾病保险保额 20 万元，幸好单位还以团体保险的形式为这个层级的员工提供了 25 万元的重疾保障，这样他合计的重疾保额达到 45 万元。45 万元的保障在当前的水平下也算是百里挑一了，回家养病按说也应该差不多够了吧？

但事实却不是这样，甚至很快出现了巨大的缺口，为什么呢？他回家养病都遇到了一些问题，孩子刚考上名牌大学，在一线城市每年花费不低；还有房子按揭，需要按月支付等；还有康复需要很长的时间，他需要继续服用药物，营养也要跟得上，为此他每个月的花费在 10000 元以上，一旦停下后果难以想象。这一切让他和他的家人感觉到压力很大。

眼看着 2 年病休的时间限制一天天迫近，他终于坐不住了，回到单位跟领导说自己想回来上班。要知道，他是一位癌症晚期患者，距离完全康复怎么说也还需要 3 年的时间（癌症康复一般需要 5 年左右），并且那次大手术给他的身体造成很大的伤害，什么不做身体都难以承受，怎么可能承受工作的压力，但是，他为什么仅仅过了 2 年就自己提出复工的请求呢？原因只有一个——经济上的恐慌感。

这个故事带给笔者很多思考，第一，他本人是从事保险很多年的资深人士，而他为自己设计的保障竟然没有能够为他的大病兜底；第二，他过去收入不低，并且还有 45 万元的保障，放眼当下水平已经比较高了，但是仅 2 年时间竟然就有些撑不住了；第三，这次大病他在医院的花费并不算太多，真正让他难堪的是回家养病花的钱竟然比在医院治病还要多，经历的时间还要长，并且再没有保障工具能继续为他报销。那么覆盖一次大病风险所需的保障究竟应该如何来度量，才能够做到"既能有钱看病，又能安心养病，生活依然如故"呢？

第三节 保障健康，商业保险无可替代的价值

财富守恒定律，演示风险的后果与规划的重要，如图 9-2 所示。

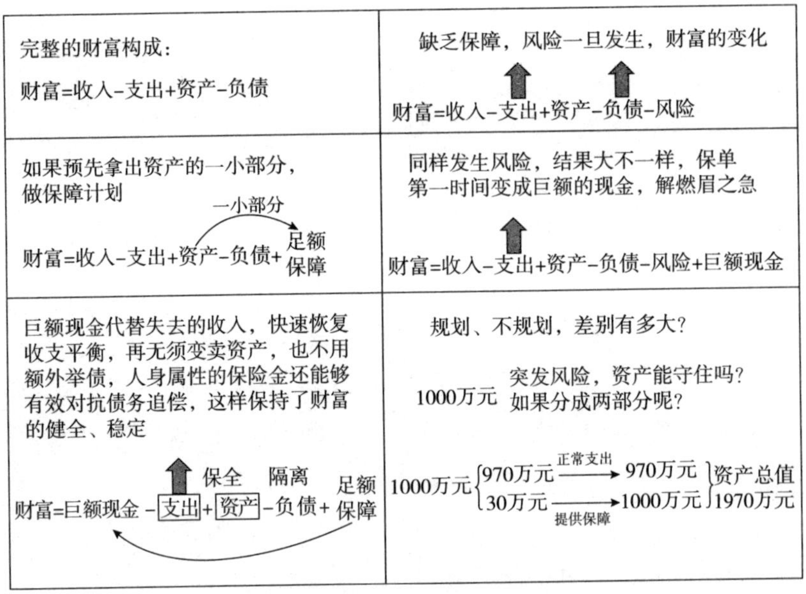

完整的财富构成： 财富=收入−支出+资产−负债	缺乏保障，风险一旦发生，财富的变化 财富=收入−支出+资产−负债−风险
如果预先拿出资产的一小部分，做保障计划 ——一小部分 财富=收入−支出+资产−负债+足额保障	同样发生风险，结果大不一样，保单第一时间变成巨额的现金，解燃眉之急 财富=收入−支出+资产−负债−风险+巨额现金
巨额现金代替失去的收入，快速恢复收支平衡，再无须变卖资产，也不用额外举债，人身属性的保险金还能够有效对抗债务追偿，这样保持了财富的健全、稳定 保全 隔离 财富=巨额现金−支出+资产−负债+足额保障	规划、不规划，差别有多大？ 突发风险，资产能守住吗？ 1000万元 如果分成两部分呢？ 1000万元 { 970万元 —正常支出→ 970万元 } 资产总值 { 30万元 —提供保障→ 1000万元 } 1970万元

图 9-2 风险后果 Vs. 保障规划的重要性

资料来源：笔者根据 CFRA 认证财富风险管理师课程中"财富守恒定律"模块整理。

保险备份财富，守护幸福（数字演示）

笔者经常用一个数字与中高端客户沟通家庭保障"简单规划，差别巨大"的理念。

比如一位私营企业主经过几十年的打拼，拥有了资产1000万元。这1000万元资产很大一部分是他的企业；一旦他发生风险，生意很可能马上停摆，这些钱想要完好地变现收回、回流家庭是很难的，1000万元资产能剩下多少就很难说了。而我们只需要做一个简单的规划，结果就会大不一样。

同样的1000万元，预先拿出3%，也就是30万元，对这个家庭来说有没有太大的影响？显然没有，这样剩下的970万元继续用于正常的生活和经营；而那30万元专门用来为他提供保障（因为他是家庭创造财富的主力），那它的价值就不再是30万元，是多少呢？至少可以是1000万元，甚至更多。

简单规划，他就拥有了两笔钱：正常生活和应对意外的钱。天有不测风云，万一有一天不幸真的发生，保险可以给他们家庭1000万元，注意，这1000万元是现金！也就是说，这时候哪怕970万元完全没有了（比如企业倒闭、债务清算），他所创造的1000万元也能够完好地回到家庭。这样，他辛辛苦苦创造的1000万元就完全能够保得住。而且，对家人来讲，1000万元的现金资产和1000万元的企业，哪个更容易打理？显然是现金！所以规划与不规划的差别很大。

保单备份财富，守护幸福，是大智慧

近年来，保单的价值越来越受到中国富有阶层的认识和认同，涌现出大量的百万元、千万元乃至亿万元的保单，个人最高理赔也在不断刷新百万元、千万元、亿万元的纪录。

我们每个人每天早晨出门的时候，身上都背着三项巨额财产：健康、生命、赚钱的能力，这些资产都是无价的。万一遭遇不幸，这些财产将同时消失，再也不可能为家庭承担责任、创造财富，甚至会成为家庭的累赘。其实，投保大额保单，就是在为这三项巨额财产做备份，万一有一天不幸倒下的时候，保单可以继续代替我们创造财富、履行责任。用保单守护幸福，延续对家人的爱，这才是人生的大智慧！

第四节　重疾保障专业解决方案

本书前文讨论过保障方案设计要遵循"预见风险，万无一失"。结合对大量活生生案例的梳理，我们不难发现，一次大病通常会引发三大直接经济后果，对它们各自对应的保障需求（见图9-3）和产品设计方案梳理如下。

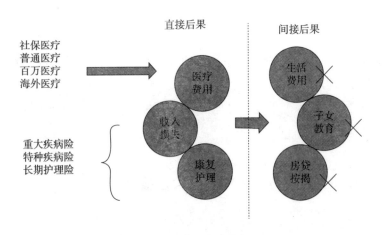

图9-3　三大直接经济后果对应的保障需求

医疗费用解决方案

患大病要花钱治是必然的，但具体花多少很难准确预见，所以在允许的范围内，保障尽量越高越好，以求能"花多少报多少"，与之相匹配的是报销类的保障工具，包括：社保医疗保险，包括基本医疗和大病统筹；普通医疗险，解决一部分社保未报部分（起付线以下、封顶线以上、报销比例以外）；百万元医疗险，解决超出以上两项报销额度之上、报销范围之外的部分；海外医疗险，解决海外就医所需的医疗费用，比如欧美、日本、新加坡等有很多优质医疗资源，很多中高端客户会选择到海外就医。

收入损失解决方案

大病一旦发生，会长时间停止工作。大量案例显示，大部分人在养病期间收入会显著下降，甚至会完全丧失，短则三五年，长则要十年八年。收入没有了，要继续支付生活费、孩子教育费、房子按揭等，很快将面临困境。这部分损失无法通过报销的方式解决，这就是为什么现代社会有了商业医疗保险，还要发明重大疾病保险的原因。

重大疾病保险于1983年诞生于南非，是现代保险家族中一个相对年轻的成员，而它的发明者并不是某家保险公司，而是南非著名心外科医生马里尤斯·巴纳德（Dr. Marius Barnard）。作为世界最早能做心脏移植手术的医生，巴纳德医生非常关心他的患者在手术后的恢复和生存状况，对每位患者进行长期随访，让他深感沮丧的是，大部分患者从医院回家后不久都死去了，并不是因为手术不成功，而是因为他们回家后既没有了收入，还需要大笔的费用康复和保养，多数人因无力承担最终不得不放弃。巴纳德医生意识到，医疗手段能够挽救得了一个人的生理生命，却无法挽救一个家庭的经济生命。为了缓解重症患者所承受的丧失收入外加巨额花费的双重经济压力,他与南非一家保险公司合作开发了重大疾病保险。他相信人们需要一份重大疾病保险,而不是因为他们会死,而是因为他们要活着。"医生治病、保险救命"对于健康最后一道防线,二者缺一不可。

重大疾病险特有的优势:符合条款约定、确诊给付;保险金可以自主支配,不管花在哪,花多少;并且重疾保险金具有人身专属性,能有效对抗债务追偿。

所以,与收入损失最匹配的保障工具应该是重大疾病保险、特种疾病险(如防癌险、心脑血管疾病险)。保障额度计算方式:卧病5~10年,能基本保持家庭收支平衡。(参照2012年5月2日,保监公告〔2012〕6号《中国保监会关于合理购买人身保险产品的公告》,重大疾病险保额设定为年收入的5~10倍,(保障性)保险费的支出一般在年收入的5%~15%为宜。)

这里就会有一个矛盾点,需求的保额很高,但能负担的保费有限,如何设计才能同时满足这两点?本书认为,只有采用"定期重疾+终身重疾"组合的方式才能实现,定期重疾险的保费低、保障高,杠杆性作用显著,可以用来覆盖家庭责任承担期的阶段保障需求;终身重疾保费高,但保终身,可以用来覆盖年老阶段保障需求。

重大疾病险投保案例如图9-4所示。

案例:某公司中层干部	重大疾病险保障方案设计
·张先生33周岁,年收入20万元左右,为家庭收入主力 ·体重正常,精神状态、面色健康,近年来单位体检正常 ·一个孩子6周岁,一个孩子0岁 ·家庭责任较大,按照5~10倍年收入,张先生个人 **重疾保障需要:100万~200万元** **保费预算范围:1万~2万元**	终身保额20万元20年交.........407×20=8140(元) 10年期保额100万元10年交.........79×100=7900(元) 合计:保额120万元..........年交保费16000元 说明:未来10年是张先生事业发展的黄金期,该方案用合理的预算1.6万元,获得起步120万元的高保障,基本满足他作为一家之主的保障需求。随着事业发展,收入提高,未来可以进一步调整优化,如提升保额,增加终身重疾的配比

图9-4　重大疾病险投保相关案例

失能险，即经鉴定达到符合条款规定的条件，按月给付一定保险金，解决收入丧失后的生活困难（目前国内还很罕见，此处暂不做过多介绍）。

康复护理费解决方案

大病需要一个较长的恢复期，这期间可能会产生一些额外的支出，比如需要更好的营养，需要继续进行一些康复治疗，严重者可能会因为长期失能需要长期照护等，而这一切一般很难通过报销的方式解决。所以对于这部分支出，通常需要以下产品提供保障。重大疾病险：保额在计算收入损失的基础上，再额外增加一部分预算，用来解决康复期额外产生的医疗、营养等费用。长期护理险：提供护理的无论是家人（会影响工作、有人情负担），还是雇人（要支付工资），注定都是长期、持续的负担，无法确定多久。所以专业的做法是要采用长期护理险提供按月给付的专项的现金流（见图9-5）。

・举例：某先生32周岁，月收入为1000元，担心未来伤残失能，需要照顾连累家人，为自己投保某公司长期护理险（保障终身）
・交费期30年，每年4000元，所得保障：出现合同规定标准的残疾，保险公司按月给付护理金，每月10000元，最长给付360个月（累计最高保障360万元）
・优势：杠杆性能非常显著；现金流给付方式更人性化

图9-5 长期护理险投保相关案例

医治需要的大额垫付资金

这是一个很常见，但经常让人措手不及，对最终结果很无奈的问题。前文提到，因为慢性病患者增长迅猛，造成医疗资源稀缺，医保负担沉重，医患纠纷非常多见，患者欠费也时有发生，所以对于一些花费较高的严重疾病、重大手术，医院经常提出让病患家属预先垫付费用，然后才予以救治的情况。很多疾病时间就是生命，一分一秒都不能耽误，但却会因为季节等原因一时间患者扎堆（比如心梗、脑梗），出现医生有限、床位紧张的局面，必然面临先救谁、后救谁的现实问题，此时如果需要垫付资金（通常额度不会太小），但患者家属很难当场支付，会不会错过最佳救治时机呢？

从这个意义上讲，能否报销医疗费、收入损失、康复费用都是之后的事情，眼前最紧急的、最关键的就是钱能否第一时间马上到账。耽误了治疗，其他那些保障可能都没有了用武之地。所以从现实的角度出发，大病的保障还需要大额信用工具，能随时刷高额费用以保证能第一时间进行救治。

重疾险、医疗险保障责任以外的费用负担

一次大病引发的负担、损失，不仅局限于在医院的花费（比如为照顾病人，在医院附近租房；需要长期请假或雇人照顾病人；疏通人情的花费；救护车、殡仪馆、墓地费等），更重要的是，有些严重的疾病同样会夺走人的生命（比如流感），他们却未必出现在保险条款所列的重大疾病病种目录中，那么这些费用既无法通过报销的方式获得补偿，也不能获得重大疾病险的理赔（除非带身故、全残责任，但通常这种保障额度又比较有限），病人离世留下一个巨大的"窟窿"不说，家人还需要钱继续生活。对于这一问题，建议配置以下产品和工具，即大额寿险（定期寿险、终身寿险），其原则是保额延续爱，留钱不留债。保额设计的逻辑可以根据需要，选择以下两种方法之一，如图9-6所示。

方式1 等值收入法（看贡献）

· 原理：发生风险后，寿险理赔金做无风险投资，
每年收益能覆盖之前收入；
· 举例：
√假设无风险收益率4%，年收入20万元
√身价保额=20万÷4%=500万（元）
√未来一旦出险（身故、全残），领取400万元保险金
做安全投资，年收益：400万×4%=16万（元），正好
弥补之前的年收入的一部分。

方式2 责任换算法(看责任)

综合考虑生活开支、子女教育、每月还贷、赡养父母等刚性
支出，得出一家之主的经济责任，作为计算保额的参考。

参考案例
· 家庭收入与资产
√丈夫年35岁，年收入15万元；妻子33岁，年收入6万元。
√有银行存款、理财产品等金融资产30万元左右。
· 刚性支出(经济责任)
√每月生活开支5000元。
√孩子今年8岁，预计现在→大学教育支出需50万元。
√每月还贷3000元，还剩15年未还。
√男方父母65岁无退休金,需每年给赡养费12000元。

责任法所需保额计算

· 基本负担计算（不计通货膨胀）
–生活支出：5000×12÷4%=150万（元）（4%为无风险收益率）
–赡养父母：12000×（85–65)=24万（元）（预期寿命）
–孩子教育:50万元（预估）
–房子还贷:3000×12×15=54万（元）
· 以上合计:278万元
现有资产可抵扣掉:30万（元）
· 夫妻二人合计最低身价保障，共需:248万元
男主人保额（年收入15万元）:248×（15/21)≈177万（元）
女主人保额（年收入6万元）:248×（6/21)≈71万（元）

图9-6 保额选择的两种方式

　　几项提示：具体产品选择，需要根据经济能力，确定缴费期、年缴保费，在此基础上划分终身寿险与定期寿险的比例；终身寿险宜选分红或万能型，以抵御通货膨胀；受益人指定，需要考虑谁是依靠你的收入为生的人（比如孩子、父母），各自给予一定的受益份额。另外，建议补充意外伤害险（普通类和出行类），防范意外事故造成的残障和身故风险。

　　特别强调：方案设计宜充分利用定期寿险的高杠杆性，有效放

大保额、减轻缴费负担。这是成熟市场常见的做法，尤其受到美国人的欢迎（见表9-1）；定期寿险保障期限可最低到孩子自立年龄（比如满25岁）。

表9-1　2016年美国寿险市场份额占比

类型	件数对比（%）	保费占比（%）	保额占比（%）
万能险	14	37	17
投连险	1	6	2
定期寿险	48	21	69
终身寿险	37	36	12

资料来源：保险回归保障—定期寿险必不可少［N］. 中国保险报，2018-02-09.

保险金信托。大笔保险金直接给付受益人，有可能会出现很多问题，比如受益人挥霍、投资失败损失掉；与夫妻共同资产混同、遭遇婚变被分割；受益人欠债，被强制执行债务等。而将大额寿险保单与保险金信托结合，保单受益人指定为信托，未来理赔时保险金直接入信托，将原来的保单受益人变为信托的受益人，这样就可以利用信托的独立性隔离上述风险，并且可以根据委托人的意愿，灵活运用信托条款限定受益人未来资金的使用，故将是更为妥帖的做法。

本章小结

健康保障综合解决方案

综上所述，围绕健康问题引发的家庭收支失衡的风险，恒通研究院给出了全方位的解决方案，囊括以下环节和内容，如图9-7所示。

过程	有钱垫付 →	有钱看病 →	安心养病 →	延续责任
方案	大额信用工具	·社保医疗 ·普通医疗 ·百万元医疗 ·海外医疗	·重大疾病 （定期+终身） ·特种疾病 ·长期护理	·高额寿险 （定期+终身） ·保险金信托
目标	第一时间救治	花多少报多少	卧病5~10年 仍可收支平衡	保额延续爱 留钱不留债

图 9-7 健康风险保障综合解决方案

　　对照这个解决方案，您可以检视一下自己和家人的保单，有哪些部分设计是能够满足要求，哪些部分缺失或不足？然后查遗补漏，尽快完善和健全自己和全家的保障方案。同时，也建议您参照上述理念和解决方案，尽快完善自己的销售和方案设计理念，并且检视过去已投保客户的保障还存在哪些漏洞和不足，在帮助他们完善自己保障的同时，也可以进一步提升自己的业绩和专业形象。

附录

健康保障规划的理念与工具

附录一 健康财富风险管理报告书

财富人生进程如附图 1-1 所示。

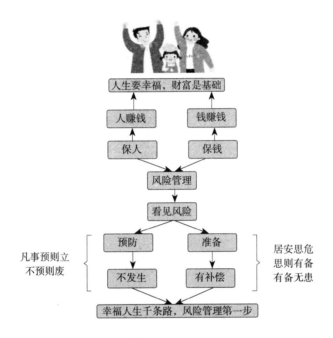

附图 1-1 财富人生

健康与财富风险管理

100000000

保住"1",才有一切,一切才有意义!

> "如果没有健康,智慧就难以表现,
> 文化无从施展,力量不能战斗,
> 财富变成废物,知识也无法利用。"
> ——古希腊哲学家 赫拉克里特
> (公元前535年~公元前475年)

> "生病以后,才深深体会到,其实健康
> 失去了,就什么都没有了,生命最
> 重要,健康和生命是一样重要的。"
> ——李开复

健康风险管理的难点

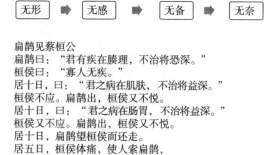

扁鹊见蔡桓公
扁鹊曰："君有疾在腠理，不治将恐深。"
桓侯曰："寡人无疾。"
居十日，曰："君之病在肌肤，不治将益深。"
桓侯不应。扁鹊出，桓侯又不悦。
居十日，曰："君之病在肠胃，不治将益深。"
桓侯又不应。扁鹊出，桓侯又不悦。
居十日，扁鹊望桓侯而还走。
居五日，桓侯体痛，使人索扁鹊，
已逃秦矣。桓侯遂死。

> 最大的风险是没有看见风险
> 看见风险→管理风险→高枕无忧

健康风险对家庭财富的冲击

健康风险剪刀如附图 1-2 所示。

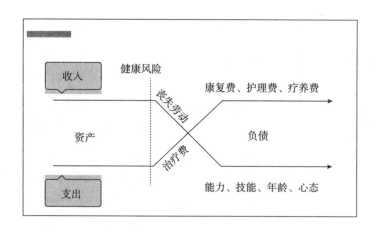

附图 1-2　健康风险剪刀

财富守恒定律如附图 1-3 所示。

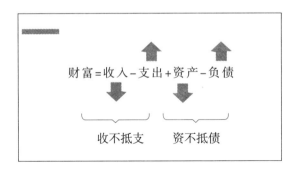

附图 1-3　财富守恒定律

CFRA 健康人生如附图 1-4 所示。

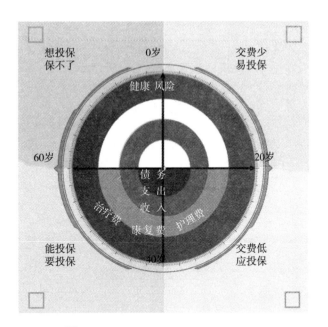

☐ 针对医疗支出，做到花多少，报多少。
☐ 针对生活开支收入损失，做到有钱看病，安心养病。
☐ 针对家庭责任和债务，做到保额延续爱，留钱不留债。

附图 1-4　CFRA 健康人生

保障规划"T"形结构如附图 1-5 所示。

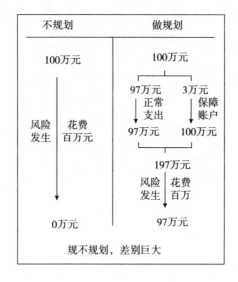

附图 1-5　保障规划"T"形结构

CFRA 健康保障方案如附图 1-6 所示。

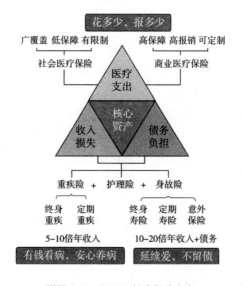

附图 1-6　CFRA 健康保障方案

CFRA 健康保障方案如附表 1-1 所示。

附表 1-1 CFRA 健康保障方案举例

家庭成员	项目	金额	医保	医疗险	重疾保额 （5~10 倍年收入）	意外及身故保额 （10~20 倍年收入）	其他
先生	收入	20000 元 / 月	√	√	120 万 ~ 240 万元	240 万 ~ 480 万元	
太太	收入	10000 元 / 月	√	√	60 万 ~ 120 万元	120 万 ~ 240 万元	
子女 1	支出	4000 元 / 月	√	√	24 万 ~ 48 万元	少儿上限	
子女 2	支出	3000 元 / 月	√	√	18 万 ~ 36 万元	少儿上限	
家庭	债务	200 万元					
您希望的就医选择：□普通门诊、住院部 □国际部、特需部 □私立医院							

您的健康保障规划方案如附表 1-2 所示。

附表 1-2 您的家庭健康保障规划方案

家庭成员	项目	金额	医保	医疗险	重疾保额 （5~10 倍年收入）	意外及身故保障 （10~20 倍年收入）	其他
先生	收入						
太太	收入						
子女 1	支出						
子女 2	支出						
家庭	债务						
您希望的就医选择：□普通门诊、住院部 □国际部、特需部 □私立医院							

附录二 方案计划书

健康保障规划箴言：①有保险，家人是你的受益人，没有保险，家人是你的受害人；②保不保决定将来救不救，保多少决定将来怎么救；③健康条件决定能不能保，年龄条件决定以什么代价保。

健康风险保障常见的三大误区如附图 2-1 所示。

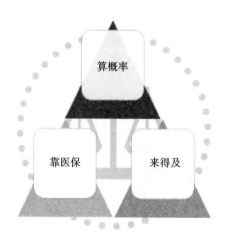

附图 2-1　健康风险管理的三大误区

误区一算概率

常见病

2018 年中国居民最关注的疾病 TOP10 和 2013 年中国居民疾病死亡率 TOP10 分别如附图 2-2 和附图 2-3 所示。

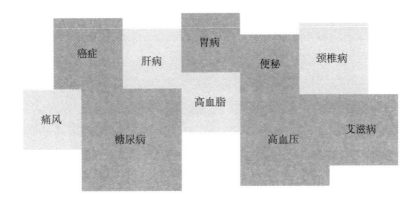

附图 2-2　2018 年中国居民最关注的疾病 TOP10

资料来源:《今日头条》《生命时报》"2018 算数·健康"大数据。

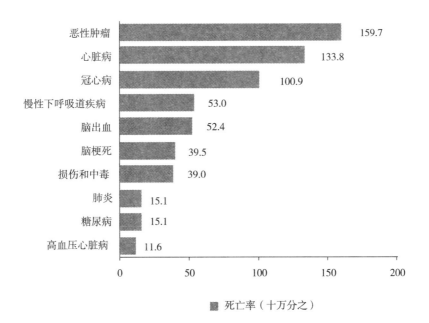

附图 2-3　2013 年中国居民疾病死亡率 TOP10

资料来源:2014 年《中国卫生和计划生育统计年鉴》。

罕见病

罕见病，是指发病率很低、很少见的疾病，一般为慢性、严重的疾病，常常危及生命。
随着人类对疾病的研究逐渐深入，有些罕见病可能会成为常见病，每年也有新的罕见病例被报道。

1680万人
2010年5月，中华医学会建议将中国的罕见病定义为：患病率小于1/5000000或新生儿发病率小于1/10000的疾病。据此估算，中国罕见病患者人数约1680万人。

300万人
2018年5月，国家卫健委公布《第一批罕见病目录》，收录了121种罕见病，据预流行病学文献和公开数据测算，在中国大陆，121种罕见病约影响300万名患者。

资料来源：《中国罕见病药物可及性报告》。

罕见病

附表2-1　国内已上市批准单位被纳入医保目录的13种罕见病相关药品年治疗费统计

疾病名称	估算国内患病人数	治疗药品	成人年治疗费用（元）	儿童年治疗费用（元）
非典型溶血性尿毒症	1061	依库珠单抗	4880281*	—
阵发性睡眠性血红蛋白尿	6188	依库珠单抗	3660211*	—
戈谢病	2357	伊米苷酶	3219947*	643989
特发性肺动脉高压	26639	司来帕格	3162994	—
糖原累积病Ⅱ型	12966**	阿糖苷酶α	2943464	587080
特发性肺动脉高压	26639	马昔腾坦	413824	—
尼曼匹克病	1532	麦格司他	312857	52143
特发性肺动脉高压	26639	曲前列尼尔	278490	—
高苯丙氨酸血症	133692	沙丙蝶呤	205936	41187
四氢生物蝶呤缺乏症	295	沙丙蝶呤	205936	41187
特发性肺动脉高压	26639	伊洛前列素	191584	—

疾病名称	估算国内患病人数	治疗药品	成人年治疗费用（元）	儿童年治疗费用（元）
特发性肺动脉高压	26639	利奥西呱	168180	—
特发性肺动脉高压	26639	安立生坦	81597	—
特发性肺动脉高压	26639	波生坦	56802	—
重症先天性粒细胞缺乏症	4170	非格司亭	45457	—
原发性肉碱缺乏症	8479	左卡尼汀	41539	15577
生物素酶缺乏症	295	生物素	1049	—
先天性胆汁酸合成障碍	177	胆汁酸	200	—
遗传性低镁血症	34750	葡萄糖酸镁	189	—

资料来源：《中国罕见病药物可及性报告》。

注："—"表示无数据；标注"*"的产品，由于未公布中国价格，故使用了美国价格计算，汇率采用：1美元=6.87元/人民币；标注"**"的疾病，由于缺乏糖原积累病Ⅱ型的患病人数，故此处是患病人数的估算。

投保象限测试如附图2-4所示。

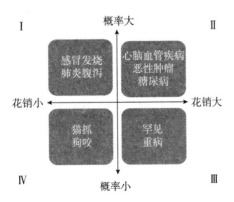

附图2-4　投保象限测试

测试：如果只能投保一份保单解决一个问题，你会选择哪一

个？如果有第二次机会，你会选择哪一个？

不要计算风险的概率，而要计算风险的后果

误区二靠医保

医保报销如附 2-5 所示。

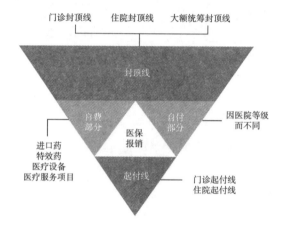

附图 2-5　医保报销

医保是低水平的"保"，而不是高水平的"包"

误区三来得及

早规划，趁身体条件允许

2003 年与 2018 年国民健康状况如附图 2-6 所示。

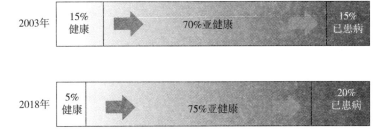

附图 2-6　2003 年与 2018 年国民健康状况

资料来源：中国医师协会。

投保意愿与投保可能的关系如附图 2-7 所示。

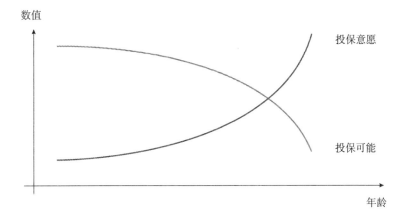

附图 2-7　投保意愿与投保可能的关系

早规划，趁经济条件允许

不同年龄终身寿险保障成本与年龄的关系如附图 2-8 所示。

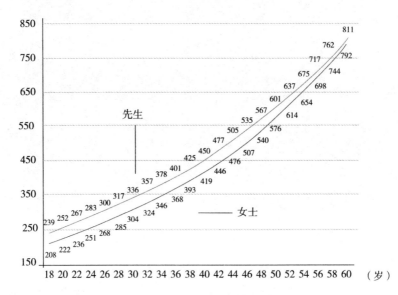

附图 2-8　不同年龄终身寿险保障成本与年龄的关系

资料来源：某寿险公司产品费率表。